山下英子的厨房抽屉

常用的厨房用品都舒舒服服地躺在没有隔断的抽屉里。
猫咪形状的筷架仿佛随时能自由自在地动起来。

▲ 被喜欢的物品包围的生活

在处理不需要的东西时才发现，留下来的只有蓝色系的餐具。在断舍离中，玻璃柜等看得见的收纳空间要遵循"五成收纳原则"。（第131页）

参观杂物管理咨询师
山下英子的住处

▲ 方便拿取以减少不必要的压力

不需要盖子和橡皮筋，东西能一下子拿出来。尽量减少把东西拿出来的压力，让人不会找借口说"好麻烦"。（第136页）

▲ 让人很有收拾欲望的"七成收纳原则"

在断舍离中，即便是橱柜、衣柜等看不见的收纳空间，也不能塞得满满的。要留出三成空余，让人有想要收拾的欲望。（第130页）

直子女士的厨房 四十多岁的教师，超级繁忙，挤不出时间来整理……

断舍离体验者的住处　before

Mimi 妈妈的起居室 换洗衣服到处乱扔。这样一来，自己和家人都无法放松……

将堆在厨房里的毫无用处的垃圾彻底清理掉。
厨房是掌管生命的重要场所，是维持生活的基础，像这样就整理妥当了。

after

完美恢复起居室的功能，阳光能直射进来，让这里成为舒适放松的空间。
之前被掩埋的电视机也增加了存在感，一家人在一起的时间更多了。

新·片づけ術
「断捨離」

断舍离

[日] 山下英子 著

吴 倩 译

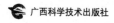 广西科学技术出版社

著作权合同登记号：桂图登字：20-2012-149

"SHIN · KATAZUKEJUTSU 'DANSHARI' " by Hideko Yamashita
Copyright © 2009 Hideko Yamashita
All rights reserved.
Original Japanese edition published by Magazine House, Ltd., Tokyo.
This Simplified Chinese language edition published by arrangement with
Magazine House, Ltd., Tokyo in care of Tuttle-Mori Agency, Inc., Tokyo

图书在版编目（CIP）数据

断舍离 /（日）山下英子著；吴倩译 . —南宁：广西科学技术出版社，
2013.7（2020.12重印）

ISBN 978-7-80763-981-7

Ⅰ.①断… Ⅱ.①山…②吴… Ⅲ.①家庭生活—基本知识 Ⅳ.①TS976.3

中国版本图书馆CIP数据核字（2013）第094928号

DUAN SHE LI
断舍离
[日]山下英子 著　　吴倩 译

策划编辑：冯 兰	责任编辑：蒋 伟	
责任校对：张思雯	责任审读：张桂宜	
封面设计：古涧文化	版式设计：古涧文化	
版权编辑：尹维娜	责任印制：高定军	

出版人：卢培钊　　　　　　　　　　　出版发行：广西科学技术出版社
社　　址：广西南宁市东葛路66号　　　邮政编码：530023
电　　话：010-58263266-804（北京）　0771-5845660（南宁）
传　　真：0771-5878485（南宁）
网　　址：http://www.ygxm.cn　　　　在线阅读：http://www.ygxm.cn

经　　销：全国各地新华书店
印　　刷：唐山富达印务有限公司　　　邮政编码：301505
地　　址：唐山市芦台经济开发区农业总公司三社区
开　　本：787mm×1092mm　1/32
字　　数：113千字　　　　　　　　　印　　张：6
版　　次：2013年7月第1版　　　　　印　　次：2020年12月第41次印刷
书　　号：ISBN 978-7-80763-981-7
定　　价：32.00元

断舍离的方法

是通过所有参与断舍离讲座的学员的帮助，

才磨砺成长起来的。

过去如此，

今后亦如此。

推荐序

想幸福，先放下对幸福的执念

张德芬

想要幸福，我们需要先放下对幸福的执念。具体有三步：断，停止负面的思考模式；舍，顺从自己的心，割舍既有；离，打消"多就是好"的念头。

谈到幸福，我和一般人有些不同的观点。很多人觉得我们需要不断地"累积"一些东西，等到了一定程度之后，也许就可以快乐幸福了。

走过人生半百的岁月，我真的认为不是如此。

首先，我觉得幸福取决于我们和自己思想相处的能力。很多人在日常忙碌的生活中，无法听到自己脑袋里有一个声音在说话。那个声音无所不在，每时每刻都在你耳边叮咛，它影响你看待事情的能力，左右你响应事物的方式，甚至会主宰你的生活。

我们在生活中有没有试着"观照"过这个喋喋不休的声音呢？这个说话的声音显然不是你的，只不过是你的一些念头。但是这些念头可厉害了，它让你不由自主地去做一些事情，自己都无法控制。

那些杀人的人、跳楼的人、冲动做事的人，都是没有提防到自己脑袋里的声音，一时不察，就按照它的话去做了，事后才发现，刚才自己怎么了，竟然会做出这样的事？不但如此，脑袋里的声音还不断地让你去跟别人比较，告诉你，你有多差劲，别人有多好，没有人瞧得起你，没有人真正欣赏你，让你的情绪低落到谷底。

这些声音都是在我们小的时候，不知不觉被父母和周围的环境"编"进我们大脑中的，就像计算机被程序化了一样。有些人比较幸运，他们的"计算机程序"比较健康，可能没有什么自虐倾向，这样的人幸福指数会比较高。然而，对那些比较不幸的人来说，他们天生就是悲观主义者，思考问题也比较负面。所以，想要提高幸福指数，一定要和脑袋中的声音建立一种比较健康的关系。

尤其是每次当你注意到自己在进行负面思考的时候，要能够"断"。断的能力在于"观"，如果你可以观察到自己的负面思考，你就已经成功一半了。如果能不理会自己的负面思考，还是乐观、正面地去处理事情，这样的人就能成功地断去让他不幸福的思考模式。

我个人灵修多年，觉得要戒断那些导致不幸福的念头的最好方法就是观察,不断地观察。观察到自己在思想所编织的牢笼之中,知道自己是念头的囚犯,这就是很大的进步了。我们可以进一步地剪断囚禁我们的枷锁,感受到自由解脱的滋味。

此外,很多人没有勇气去割舍眼前既有的幸福,进而获得更多的幸福。

关于这一点,我可以分享我个人的经验。我大学毕业以后就进入台湾电视公司担任新闻记者和主播,也就是台湾现在说的老三台主播。当时这是一份非常难能可贵的工作,可是我后来申请到美国大学,就毅然决然地辞去工作,出国进修了。对于主播台,我一点都不留恋。很多人佩服我的决心和毅力,然而对我而言,我只是顺从我的心(follow my heart),我没有考虑到那份工作得来不易,辞去了非常可惜。

现在回头看,第一,我很高兴自己没有一直待在台湾报新闻,否则我就没有后来那么多的生活经历和见闻了。第二,后来媒体开放,电视台多得不得了,我可以随时回电视台工作,一点问题都没有。所以,当初的顾虑完全不存在。

后来,我在新加坡加入了一家国际大公司,负责他们一个重要软件的亚太地区营销工作。我进去的时候是合约制的员工(on contract),因为我一点相关工作经验都没有,从主管的特别助理干起,三年就升到一个不错的职位,非常不容易。可是我后来非常不适应那份工作,也是犹豫了很久,终于辞掉工作。后来举家搬到北京，我可以轻易地回到那个大公司的北京分公司工作，但是我没有回到职场。我为我的人生留了白。

那几年，我是个单纯的家庭主妇，每天就是忙着看灵修书籍，上灵修课程，研究"到底什么可以让人幸福"。就这样，沉潜了四五年，我写了第一本灵性小说《遇见未知的自己》，在大陆卖了一百多万本，到现在还在热销中。

我要说的是，有时候，如果你不放弃眼前的一些既得利益，不愿意顺从自己的心的话，可能会失去更多更美的风景。在人生的道路中，我总是勇敢地追随自己的心，也活得愈来愈快乐。

最后我们谈到"离"，也就是出离心，驱离要求更多的幸福的欲求。我在自己的人生旅程中，对这一点的体会特别深。当年，我就是想不透自己为什么拥有那么多却不快乐，所以不断地在外面的世界努力收集。最后，我知道外在的世界再也满足不了我内在的欲求，所以我走上了灵修的道路。

然而，在灵修的过程中，我还是一如既往地用"多就是好"的态度在拜访上师，收集书籍、法门。学到最后，自己都累了。我发现没有一个上师可以真正帮到我，没有一本书可以拯救我，没有一种法门可以带给我想要的那种自在和快乐。于是，我放下了。不再追寻，不再盼望，而是愿意在当下和自己诸多的不完美、内在的各种阴影、各种负面情绪和念头好好相处。

放下一切的期盼之后，我开始享受生活的简单和单纯，和大自然相处，和宠物相处。有时候，我会不知不觉地开始傻乐，就是没有任何缘由地，感到当下无事的那种自在和幸福。

　　我知道很多人的欲望很难突破，我也不赞成用压抑的方式去对待欲望。欲望是需要被穿越的，而穿越的方法有时候就是去追逐、满足它。到了一定时候，你会像我一样精疲力竭，坐回到自己的位子上，才发现，原来我想要的一切，都已经在我出发的地方等着我了。

什么是断舍离

　　初次见面，欢迎进入断舍离的世界。我是杂物管理咨询师山下英子。杂物管理咨询师？这到底是什么样的工作呢？大家一定很纳闷吧，毕竟自称杂物管理咨询师的人，全世界也只有我一人而已。

　　所谓杂物，就是英文的"clutter"①，指没用的破烂儿。

　　我的工作是建议、协助客户重新审视堆满了整个住所的物品，通过重新考虑自己与物品之间的关系，扔掉对如今的自己已然"不需要、不合适、不舒服"的东西。最后，住所收拾干净了，客户也能顺便与自己内心中的垃圾说再见了。没错，帮助人们清理住所及内心的没用的破烂儿，为在这些破烂儿中苦苦挣扎、烦恼不已的人们做咨询，这就是我的工作。

　　接着要说说这本书的名字——断舍离。我想，这恐怕是一个对大家来说还很陌生的词。断舍离，duan she li，请各位试着张

---

① clutter，[名词]（不需要的物品）散乱，散乱的东西，杂乱。[动词]到处乱丢，（无用的信息）塞满了脑子。——译者注

开嘴，读出它的发音。这三个字很有冲击力，读起来铿锵有力。一言以蔽之，断舍离就是——

通过收拾物品来了解自己，整理自己内心的混沌，让人生更舒适的行为技术。

换句话说，就是——

通过收拾家里的破烂儿，也整理内心中的破烂儿，让人生变得开心的方法。

总而言之，断舍离就是通过收拾自己居住的空间，让自己从看得见的世界走向看不见的世界。因此，要采取的行动是——

断＝断绝想要进入自己家的不需要的东西。

舍＝舍弃家里到处泛滥的破烂儿。

通过不断重复断和舍，最后会达到这样的状态：

离＝脱离对物品的执念，处于游刃有余的自在的空间。

断舍离和单纯的扫除、收拾不一样，并不是以"很可惜啊""还能用吗""不能用了吗"为考虑的重点，而是要自问"这个东西适合自己吗"。换句话说，**断舍离的主角并不是物品，而是自己**。这是一种以"物品和自己的关系"为核心，取舍选择物品的技术。你要采用的思考方式并不是"这东西还能使，所以要留下来"，而是"我要用，所以它很必要"。主语永远都是自己，**而时间轴永远都是现在**。现在自己不需要的东西就必须放手，只选择必要的物品。通过这个过程，你可以从看得见的世界走向看不见的世界，最终实现对自己的深刻、彻底的了解，并接纳最真实的自己。如此一来，不仅是居住环境变得整洁，就连整个人的心灵都能轻松舒畅了。

到今天为止，我已经以断舍离为主题做了近八年的讲座，亲眼所见的令人生出现加速度变化的学员也已经不计其数了。他们所做的，看起来只不过是一个劲儿地扔掉没用的东西而已，然而断舍离的不可思议之处，就在于它会带来行为的改变，有时候甚至会让人生出现重大转折。换工作、辞职、迁居、搬家、结婚、离婚、再婚……这简直就像是打开了盖子，把不知不觉间封存起来的内在力量释放出来了一样；也像是制造出一个契机，让每个人都能够回归原本的人生态度；还像是点燃了可以让人的生命炽热燃烧的导火线，也就是像扣动了扳机似的……这就是断舍离的有趣之处。

我与断舍离的相遇是在差不多20年前，契机是当时我在高野山^①的寺庙借宿，看到了修行僧非常爱惜地使用着生活必需品，以及每个角落都被仔仔细细打扫干净的整洁舒畅的日常空间。这

---

① 高野山位于日本和歌山县，平安时代的弘法大师空海在此修行，并开创高野山真言宗。与比叡山并称日本佛教的圣地。——译者注

与并非日常生活的宾馆里的舒适感不同，是非常清爽的。当时，杂志和电视上正在盛行收纳术，非得把堆到像要溢出来的东西仔细地分类、整理、收纳，否则就没办法收拾屋子——这就是我们的生活。想来，我们的生活是在不停地做加法。这个也想要，那个也想要，到处都充斥着无穷无尽的物品。然而无论是物质上还是精神上，我们是不是连"让自己混乱的东西"都背上身了呢？近距离观察高野山的生活，我发现了**从加法生活转向减法生活的重要性**。

与之相联系的是我过去在瑜伽教室学到的"断行""舍行"和"离行"。这是斩断欲望、脱离执念的修行哲学。这种哲学能不能用在聚焦于人与物的关系的行动上呢？通过这样思考，我想出的词语就是"断舍离"。结果，原本并不擅长整理的我，现在却以断舍离这种减法解决法开设讲座，为大家提供整理的指南。人生真是很不可思议。

我们的生活就是由日常中平凡琐碎的家务事构成的。因此，想要在日常生活中维持清爽的环境、神圣的空间，不就是重复做这些家务吗？不需要闭上眼睛，也不需要静静打坐，只要坦然面对物品，也就是坦然面对自己。整理房间也就是整理自己。**并不是心灵改变了行动，而是行动带来了心灵的变化**。只要有所行动，心灵就会跟上脚步。可以说，**断舍离就是一种动禅**。

那么，断舍离具体要有哪些过程呢？请允许我将通常在讲座上说的话浓缩地记在这里。虽然说是过程，可其实只要了解了思考模式，就会开始领悟，接下来就是启动程序了，大家就会迫不及待地非常想要进行断舍离。虽然"收拾"这个词会让人感到有责任感，有点沉重，让人不由自主地想要逃避，可很多人却觉得"如果是断舍离的话我就能做到"。这也是理所当然的，因为这毕竟是将被掩埋的自己重新拯救出来的工作。

我希望能有更多的人了解断舍离，通过断舍离过上悠闲舒适的生活。如果这个物欲横流的社会，变得只有必需的物品，并且能够顺利地流通到必要的场合，那又会怎样？可以说，那就能够促进生活的代谢和循环！

这种自言自语的废话还是暂且放到一边吧。我希望大家能够奇迹般地对断舍离上瘾，能够了解自己，最重要的是，能够加速良性的变化！

来吧，我们一起，Let's 断舍离！

目录
Contents

我们为什么没办法收拾
——无法丢弃的理由 \ 029

第一章

Chapter 01

只要了解个中奥妙，
就能激发干劲
——断舍离的机制

断舍离是不收拾的收拾法

断舍离是一种不收拾的收拾法，一旦了解了它的机制，你就能在瞬间燃起斗志，下定决心大干一场。因此，我非常有必要先说明断舍离的含义。

平日里，我们想把房间整理干净，一般会从哪里下手呢？想到要整理房间，我们脑子里浮现的往往会是整理、整顿、扫除（扫、擦、刷）这些词。需要注意一点，我们在这里要说的收拾，和"整理、整顿"有一种微妙的差异。遗憾的是，很多人并不能体会到两者之间的这种微妙差异。

在断舍离里，收拾是最重要的，所以在这里，我必须首先明确给出收拾的定义。

收拾，是一种筛选必要物品的工作。在筛选必要物品的时候，我们要考虑两个维度，一个是"我与物品的关系"这条关系轴，另一个是"当下"这条时间轴。换句话说，收拾就是要扪心自问某件物品与当下的自己是不是确实有关系，进而对物品进行取舍、选择的过程。

从关系轴和时间轴看物品

看到这里，你是不是大吃一惊？对照这个定义，回想平时的生活，恐怕绝大多数人是在漫不经心地收拾，从来没考虑过"当下的我"与物品真正的关系吧？如此一来，倘若关系轴或时间轴是错位的，那么即便是收拾了，也没办法区分出生活必需品和没用的破烂儿。别人送给自己的东西，虽然用不着，但也丢不掉；某样东西，总觉着迟早有一天能派上用场，但那一天直到今天还是没到来；明明知道这个东西毫无用处，但就是一直放在那儿不想扔……诸如此类的东西，就是关系轴或时间轴错位的产物，即在考虑如何处理这些东西时，我们把轴线错放在了物品与他人、不确定的未来和已经成为历史的过去上。

总体来说，在施行断舍离的过程中，我们要做的大部分事情就是基于关系轴和时间轴的收拾工作。从行动上讲，就是扔掉——舍。如果只是把用不上的东西放进垃圾袋再扔进储藏室的话，那不叫收拾，那不过是把东西改变一下形态，换个地方存放而已，是移动。而断舍离要做的，是把用不着的东西扔出家门，彻底切断它们与自己的联系。如此彻底地"舍"了以后，会出现什么样的结果呢？结果就是——**只有对当下的自己合适且必需，也确实在用的东西，才会留在你自己的空间里。**

时间是由不断持续发展着的若干个当下组成的，所以这些

"对当下的自己合适且必需，也确实在用"的东西也在时时更新着。所谓时时更新，就是说我们要不断进行更换。如此一来，只要认真地收拾下去，你就会自然而然地在把东西搬回家之前认真思考一番，考虑它现在对自己是不是真的有用，然后做出正确的选择。在思考的过程中，你会逐渐认清，原来在你的生活里竟然充斥着那么多没用的东西；与此同时，你就会只关注那些生活的必需品，懂得拒绝那些非必需品了。

一旦形成了这种三思而后行的习惯，你就真正实现了"断"的状态。而断舍离的含义就是，在"断"与"舍"的交替里，脱离对物品的执念，达到轻松自在（离）的状态。

为了保持好心情而收拾

是不是只要进行断舍离，随时更替身边的必需品，不乱买、乱堆东西，就没必要再收拾房间了呢？毕竟一提起收拾两个字，就会让人想到一种不情愿、不得已的劳动，要是可以的话，能不做就不做。但事实是，一旦形成了断舍离的观念，就不会把"收拾"和"麻烦""讨厌"这样的词联系起来了。因为当你身边没有任何多余的物品时，自然会有一种神清气爽的舒适感，你要做的就是维持这种感觉不变，而你也很愿意这么做。只要体验过这种舒服的感觉，收拾也就没那么不情愿了。有过这种体验的人都会说，自从断舍离以后，以前那种 提到收拾就觉得讨厌的心情全没了，跟以前比，现在自己的态度真是有了一百八十度的大转弯。

　　或者我们也可以这么说，断舍离是一种不需要收拾的收拾法。不得不去收拾东西，从某种意义上来讲是因为那些东西是我们的敌人，是给我们带来烦恼的根源。但如果没有那些东西存在，身边留下的都是自己此时此刻正需要、正适合自己的东西，那情况就完全不一样了。在这种情况下，身边的东西就全是我们的战友，能让我们有一个愉悦舒畅的好心情。如果只是为了维持这种好心情，那自然就称不上是收拾了。

选择和当下的自己相称的东西，在这样的过程中，就不再需要收拾了！

选择和当下的自己相称的物品

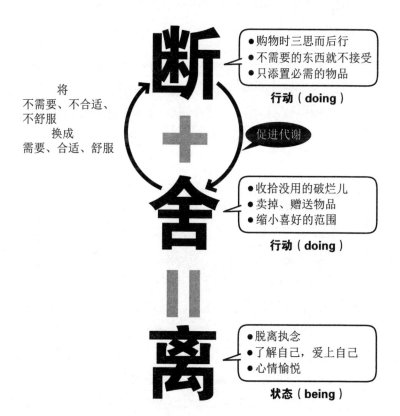

将
不需要、不合适、
不舒服
换成
需要、合适、舒服

● 购物时三思而后行
● 不需要的东西就不接受
● 只添置必需的物品

行动（doing）

促进代谢

● 收拾没用的破烂儿
● 卖掉、赠送物品
● 缩小喜好的范围

行动（doing）

● 脱离执念
● 了解自己，爱上自己
● 心情愉悦

状态（being）

与整理术、收纳术有什么不一样

首先，断舍离与一般的整理收纳术最大的区别就在于，**断舍离并非绝对要以把房间弄干净为目的**，而是要通过收拾的过程了解并喜欢上真实的自己，实现自我肯定。总而言之，断舍离并不强求非得把房间收拾得规规矩矩、一尘不染；或者即便如此，也会获得额外的好处。

其次，断舍离的主角不是物品，而是自己，考虑的是"我自己"还需不需要它。"扔了很可惜，还是留下来吧"这种想法，就是拿物品当主角。一般的整理收纳术总是将着眼点放在如何保管物品上，而断舍离则是以不断地循环代谢为前提，让居住空间永远保持着变动流转的状态。当然，这并不表示你要去买新的收纳工具，去把东西分类保存起来，而是要减少物品，甚至是在一开始就把收纳工具全都扔掉。其实，只要了解了断舍离的机制，也就不需要再学习收纳技巧了。只要常常自问"这件东西与我的关系还存在不存在"，不断筛选物品，这样就可以了。

此外，"断舍离"这三个字也让我非常得意。我在前面已经说过，这三个字是从瑜伽的修行哲学——"断行""舍行""离行"中得来，比起"整理""收纳"这种词语，更能给人一种自我修行的印象。而且，"断舍离"这三个字的发音本身似乎就拥有一种不可思议的吸引力，充满了神奇的力量。我甚至觉得，这三个字本身就已经在很大程度上传达了它所要实行的内容和所包含的意识了。

筛选物品带来的自我察觉

一旦实行了断舍离，物品和环境就会成为自己的战友，而自己的心情也会变得快乐舒适起来，这些我在前面已经说过了。虽然所做的仅仅是筛选物品，但参加过我讲座的学员纷纷出现了各种各样的变化。以自我为核心、着眼于当下的取舍物品的工作，也就是看得见的世界里的行动，竟然令看不见的世界也发生了一些变化。在以前，我隐隐约约觉得，看得见的世界与看不见的世界之间存在着一条联结彼此的线，而现在的我则真真切切地感觉到了它们之间引发改变的机制。这种引发改变的机制是这样的：要得到"这种东西与当下的我很相称，对当下的我来说是必需品"这样的判断，人就必须要清楚地了解自己。通过不断地筛选物品的训练，当下的自我就会越来越鲜明地呈现在自己的眼前，人也就能以此对自我形象做出准确的判断。

■断舍离与整理、收纳术的不同

	断舍离	整理、收纳术
	主动	*被动*
前　　提	代谢 替换	保管 维持
主　　角	自己	物品
焦　　点	关系性	物品或自己 或赠送物品的对象
核　心　轴	感性　适宜 需要、合适、舒服	物质　可惜 能用或不能用
时　间　轴	现在、当下	过去、未来
意　　识	选择、决断	回避
步　　骤	少	多
技　　术	不需要	需要
收　纳　物	不需要	需要

打个比方说，作为回礼，有人送给你一套名牌杯子，你把它原封不动地装在盒子里，放在橱柜的最里面。假设对方送你的是一套麦森①的杯子，而你当下在用的，只是买甜甜圈时的赠品——一个再普通不过的杯子。如果有人问你"为什么不用它啊"，你会回答"太可惜了，这种好东西舍不得用啊"。换句话说，在你的潜意识里，你认为"自己配不上麦森的杯子，自己没达到那个水准呢"。你的真实想法，就可以通过物品反映出来。

　　一个人所使用的物品，能够反映出自我形象。认识到了自我形象，反过来就会开始想要把现在用的东西替换掉了。"这样啊，其实我也可以用它的。"像这样认可自己。一旦开始使用那个杯子，自己就会和它逐渐相称，看东西的视角也会在不知不觉中发生变化。允许自己使用高级的东西，这种机制一旦运转起来，**看待自己的方式就从过去的减分法变成了加分法**。了解自己，放下过去的自己，才能发挥出自己的潜能。这些都不是有意为之，而是自然而然地实现的。

　　由于这些改变会直抵内心，所以很多人一旦有所察觉，便会高呼"断舍离万岁"。其实，在看不见的世界背后，还有一个更加看不见的世界，你可以叫它神的领域，或是未知的伟大，总之

---

① 麦森（Meissen）是德国的瓷器品牌，贵为欧洲第一名瓷。——译者注

就是命运一类涉及灵魂的次元，意料之外的偶然性、共时性①也会在这一世界里发生。把物品这一次元收拾干净了，以往一向阻碍视听的东西没有了，就能够看得更清楚，就能开启通往更深次元的通道。这一步我会在第五章详细给大家介绍。

总而言之，在有所察觉之后，人就能渐渐地了解自己，也会逐渐喜欢上自己。我把这种状态叫作快活。德国诗人、哲学家歌德曾经说过这样一句话：

"人类最大的罪是不快活。"

最大的罪竟然不是杀人、恐吓和暴力，而是不快活。杀人、恐吓、暴力当然也是罪恶，不过那些基本也都是不快活所导致的。所以说，让人变得快活是让一切变好的先决条件。而且，不是他人快不快活，而是自己。"丈夫不快活，上司不快活……要是他们心情能变好的话，我也能变得快活起来了。"我们很容易就这样让自己的情绪随着别人心情的起伏有所波动，让自己陷进别人的引力圈。其实不该这样，而是要先让自己快活起来，再把不快活的人拉到自己的快活引力圈里来，能有这样的想法才是最棒的。要说断舍离是从哪里开始入手的，其实就是从住所、职场等近距离的环境开始，让自己变得快活。换句话说，就是把不快活变成快活。所以，先就让自己置身于快活的空间里吧！

---

① 共时性（synchronicity）是瑞士心理学家荣格界定的一个概念，即通常所说的巧合，但多指神秘现象，譬如与朋友做了同样的梦等。——译者注

夺回被占据的空间和能量

一旦开始着手收拾了，那么首先需要面对的就是物品杂乱的现状。了解了断舍离，人就会发现，自己居住的地方一直以来竟然堆积了那么多的垃圾和废物。到底在这些东西身上浪费了多少时间、空间和管理维护的能量，真是难以想象。除此之外，恐怕也没少花钱。

断舍离的任务就是，夺回以往所有被浪费掉的这一切。在最初阶段，你要先分析自己到底被这些物品夺去了多少能量；然后通过筛选物品的行为，实现自我完善。这就是断舍离的精髓——靠自己的判断和行动就能做到。这就像是改善体质，抛掉以往那些治标不治本的疗法，彻底从根本上解决问题——利用住所这种与自己最亲密的环境，从根本上完善自己。这么一想的话，自然也就充满行动的力量了。

先诊断出物品从你身上掠去了多少能量，然后通过筛选物品的行动，实现自我完善，这就是断舍离的精髓。

和廉价塑料勺子相称的自己

　　和惠小姐拼了命地收拾厨房，把那些非必需的不锈钢餐具全都处理掉了。可不知道为什么，她却怎么都舍不得扔掉那些便利店盒饭上附赠的塑料勺子。厨房的抽屉里已经堆满了这种勺子，满得连抽屉都快打不开了。问她为什么要留着这些勺子，她的理由是"去野餐的时候用这些很方便"。可什么时候去野餐呢？野餐的时候用不锈钢餐具就不行吗？

　　不仅仅是塑料勺子，那些早就过了时而且绝对不会再穿的廉价裙子也是一样。虽然已经把它们都装进垃圾袋了，可最后又把它们统统拿了回来。好东西都能毫不犹豫地扔掉，可就是对这些廉价的东西恋恋不舍。直面自己这种不可理喻的心态后，和惠小姐发现，自己在潜意识里似乎很是畏惧那些高价、高品质的物品，觉得用便宜的东西就刚刚好，很合适。这就表示，自己有一个很不好的习惯——自我贬低。

　　这就是一个通过断舍离了解自我形象的典型案例。

从衣柜开始，来一场自我改革吧

也许大家会以为，我原本就是个擅长收纳的人，但我得承认，在收拾物品这件事上，我完全没有一点过人的技能。在发现断舍离机制以前，对于收拾，我简直是无能为力。就算是费尽九牛二虎之力把东西收拾好了，但过不了多长时间又会恢复原貌，一塌糊涂。

大概是在15年前，我尝试过当时盛行的收纳术。那个时候，我从家居店买来了好多塑料整理箱，然后把它们一股脑地塞进了壁橱里。不过，只要把它们从壁橱里拿出来一次，就又一下子变成了一团乱麻。要是想把堆在最中间的箱子拿出来，那简直就是不可能完成的任务。最后，我索性就不怎么动它们了。除此之外，我也试过耐着性子自己动手做收纳物，可因为手实在太笨了，最后撂下一句"我果然做不了这么麻烦的事"，然后就不了了之。

说到底，这些东西值得我花那么多时间、金钱和劳力去收拾吗？ 当突然察觉到这一点之后，我开始舍得扔东西了。不过，扔了之后就能收拾好了吗？其实，因为那个时候还没有"断"的想法，所以即使舍得扔东西了，可扔了之后还会再买，买了之后再扔，如此循环往复。这个时候的我，要是与执着收纳术那个时期的我相比的话，其实已经好多了，但却仍然收拾不好东西。这种状况，大概持续了10年。

从不穿的衣服着手，去除自己的执念

我是在瑜伽教室学到"断"这个概念的。

打个比方，断食就能让人深有体会。一旦试着断掉饮食，就会发现："啊！原来食物是如此值得被人类感激的啊！"通过实施"断"，人会发现日常生活很多不起眼的东西其实是该被珍惜、被感激的，除此之外，这个概念也能让人消除一些执念。不过，在刚开始接触这个概念的时候，我还觉得"像我这种充满执念的人，根本做不到这个"呢！

我向学习瑜伽的前辈抱怨我的这个想法时，前辈说："可不是，就连衣柜，你都能把它们塞得满满的！"这句话令我恍然大悟。"要除去精神上的执念还很难，可要是从衣柜开始的话，我没准能做得到！"这就是我把收拾日常物品作为断舍离的一部分，在生活中加以运用的开端。

一到换季的时候，很多人都会觉得自己没衣服穿，可衣柜里明明已经塞满了衣服。这就是典型的"明明是已经不会再穿的衣服，可却因为有感情，所以只能收着"的情况，也就是一种"说是有可却没有，说没有可是却有"的奇怪状态。这种情况就让我想到："丢掉这些衣服，是不是就等于有了丢掉执念的行动呢？"以此为契机，我发现了那个一到季节更替就觉得没衣服穿的自己，也发现了自己到底有多少丢在衣柜里永远不会再穿的衣服。**衣柜里满是不会再穿的衣服，其实并不是留恋，而是一种执念。**为此，我下定决心："好！就让一切从整理衣柜开始吧！"

筛选物品的同时，也改变了人际关系

就像这样，先是把关注的焦点放到物品与自己的关系上，之后就能看到通过物品所投射出的自我形象。接下来，还可以慢慢看清，自己在别人眼里是什么样子。要是自己能随便凑合着用一个东西，那别人也会用随便的态度来对待你——"他都能用那样的东西，穿那样的衣服，那随便拿个东西当礼物送他就行了。"

一旦通过断舍离提升了自我形象，那么别人自然而然地就会觉得"他生活得那么精致，可不能随便拿个粗陋的东西送他就了事了"。慢慢地，你就会感觉到，周围人对待自己的态度发生了变化。可见，**这种筛选物品的工作，也具有改变自己与他人关系的力量。**

说得再直白一点，如何对待自己，就决定了一切。这种改变最初会体现在物品的世界里。因此，如果能与物品形成更好的关系，一切都会随之发生改变。从家里的衣柜、抽屉开始，进行有意识的改变，慢慢就连你与周围人的关系都跟着改变了。关于这一点，希望所有人都能牢牢记在心上。

筛选物品的同时，你会发现与周围人的关系也慢慢发生了变化。

动手实践，意识也能获得转变

在对断舍离的机制有了初步了解以后，再来看看我们的意识是如何跟着转变的。

最初的阶段是"舍"，要彻底地筛选物品。要用与过去完全不同的判断标准来看待物品，所以在"舍"的开始，人势必会觉得迷茫。已经下决心要把不用的东西丢进垃圾袋拿出去扔了，但要扔出去之前又心生怜悯——"要不还是别扔了，说不定什么时候会用到呢。"这就是正视迷茫的开始。因为迷茫，所以总是不能把东西干脆利落地扔掉，身边的东西仍然还是很多，很杂乱。但即便如此，也得想方设法与这种觉得可惜的想法作斗争，反复坚持实施断舍离。这样，判断物品是否必需的速度就会越来越快，慢慢地，人就不会再以可惜为借口，把用不着的东西留在身边了。

做到了这一点之后，就到了果断下判断与下狠心的阶段。此时，人就能用"把这个东西送给用得上它的人吧""这东西就算留下来也没有任何人会用它"的形式做出明确的选择。这是中级阶段，到了这个阶段以后，判断的速度就会加快，甚至就连下决断本身，都会让人觉得前所未有地痛快。

如此反复，那么身边就只会留下适量的物品。所谓适量，它的程度会因每个人的生活方式和职业的不同而有所不同，所以很难一概而论，总而言之，就是会让你有"自己能够掌控"这种感觉的量，包括你能掌控所有在你身边的物品的位置，以及确保它们能够物尽其用。在断舍离里，到了这一阶段，你的家才终于从"仓库"变为"住所"。在这以前，你的家到处都充斥着用不着的破烂儿，就算你把它们收拾得再整齐，也没有任何意义。**实施收纳术，应该从这个阶段之后开始。**

和物品成为好朋友

根据个人情况不同，有的人会很快达到这个阶段，也有的人会在"舍"上耗费大量时间和精力。某位教授收纳术的老师提倡，在收纳的时候，要先问问那样东西："你想待在哪里？一直待在那儿吗，还是偶尔？"以此来决定物品放置的位置和高度。我觉得这种方法很有意思，不过在达到"舍"之前，这么做也没什么意义，毕竟跟没用的东西说话是根本没有用的。断舍离认为，不达到上面所述的那个阶段，谈收纳术是没有任何意义的。因为在这个阶段以前，我们总会为了冗余的物品而心烦不已，换句话说，自己是物品的奴隶。只有物品减少到了自己可以把握的量，也就是物品全都在自己的支配下了，你自己才能变成物品的主人，才能达成先有自己，后有物品的状态。

不过，断舍离还有更高的目标——和物品交朋友。也就是说，下一步要开始做精挑细选的工作了。这才是真正的高级、大师级的水平。

不但确保每样物品都在自己的掌控之下，自己能确实用到它，还要和它成为好朋友——和自己喜欢的东西生活在一起。这样的话，就是达到了"断"。在买东西的时候会反复思量，让物品物尽其用，并且确保它能把它的功效发挥到极致，一直到用完。这就是断舍离的最终阶段。

让身边的物品保持优胜劣汰的自然循环，既留下适度的量，又确保留下的都是精挑细选过的，那么就会将物品的丢弃程度降到最低。以往总是到处塞东西，把东西堆了又堆，接下来必然就是扔了再扔，这真的让人伤透脑筋。不过等到了这个全新的阶段，你身边留下的都是精心筛选的、适量的物品，性能又高，又美观，这样一来，你的居住空间里放着的，都是自己最重要的东西了。这就是不收拾的收拾法的最终形态。换句话说，这其实是一个连收纳物都不需要的空间，是连收纳术都没有用武之地的世界。这个世界，**都可以抛掉"住所"的称谓，改叫"自在空间"**了。这是对每个人来说都最为舒适自在的空间。希望大家都能达到这个境界，这就是断舍离的最终目的。

■ 断舍离带来的意识、环境、气场变化

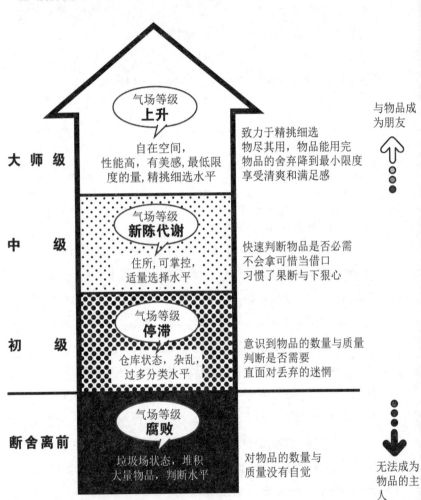

磨砺内在的感应力

"断"和"舍"都需要doing，也就是行动，action。不断重复doing之后，就能抵达感觉的世界，也就是达到being的状态。行动是与思考同时进行的，可从思考的状态转移到感觉的状态，我个人觉得是一个重大的突破点，这以后就轻松得多了。

用食物来举例。如果人的身心全都在健康的状态，那只在想吃的时候吃，只吃自己喜欢的东西，这显然不成问题。这是因为，人体的感应器能正常运转，发挥机能，所以人能清楚感觉到身体的欲望和想要的量。从某种意义上说，断舍离也是以这种状态为目标。不过，如果不够健康，或者出了什么差错的话，这种机能就无法正常发挥作用了。比如，人可能会因为压力过大而暴饮暴食，或者只吃同一种东西。换句话说，食物本身本来并没有好坏之分。媒体总是喜欢以"想让血液流通顺畅就吃这个""吃这个会造成血管的阻塞"之类的态度来对待食物，其实关键是吃东西的方法和量的问题。就算某样东西对身体有益，也不能一个劲儿地只吃它；说某种食物对身体不好，也并非就绝对不能碰了。**我们总是忽视个人因素，武断地下结论说某种东西"好"还是"不好"，这是不恰当的。**食物原本也都是生命，即使是一块饼干，也必须靠小麦和黄油等植物及动物的活性才能做出来。我觉得，一味以"这种食物不好"的观点来看问题实在很不合理，绝大多数时候，人都是因为自己吃东西的方式不对才出现问题。

并非物品不好，而是因为自己判断失误才导致物品冗余堆积，导致自己行动困难。一切的错误都源于自己的感应能力出了错。断舍离正是一种磨砺感应能力的技术。在瑜伽里，人们把这种感应能力叫作内在智慧。过多的物品令自己心烦不已，内在智慧就会变得迟钝，所以必须通过行动让它重新恢复生机，而所谓行动，正是将家里"不需要、不合适、不舒服"的东西替换成"需要、合适、舒服"的东西。要是这么想，你所做的一切就变得非常有意义了。**扔掉家里的一件垃圾，这个简单的动作就能磨砺你的内在智慧。**不管是食物还是居住环境，我们都能通过自己的思考和行动，保证它们是正确的、让我们觉得舒适的，我自己也正处于这样的磨砺过程中。如果能和大家一起朝着这个目标努力的话，那简直是太美妙了。

东西要用才有价值

我在前面已经说过如何通过断舍离得到愉快舒适又自在的生活了，现在就让我们稍微转换一下角度，来看看物品大致的流向过程。

我平常总会这样说："说到底，物品要是不用就没有任何意义。"我大概整理了一下自己与物品的关系：

物品要用才有价值。

物品在此时、当下，应该出现在需要它的地方。

物品处于恰当的位置，才能展现美感。

我想，要是这种状态能够降临到每个人的身上，那简直是再幸福不过了。

举例来说，假设我们生活在河流的中游，这里有许多过去曾经使用过，但是现在不会再用的东西。此时，我们该想的并不是这些东西以后还可能用得着，所以应该把它留下来，而是应该想，这些东西要是能顺利地顺流而下，送到住在下游的那些真正需要这些东西的人那里，那就太好了。

所以，我希望那些旧货回收店能更好地发挥它们的作用。这些物品的流向，当然也可以是海外，毕竟现在有很多国家还面临着物资不足的危机，或是承受不起太贵的物品。物品应该以必要的量出现在必要的地方，想必这才是真正意义上的"懂得分寸"。如果通过断舍离，我们不需要的物品能流向那些需要它们的地方，那就太完美了。

说到底，物品会因为所在场合的不同而变得无用或是有用。举个最浅显的例子，比如说饭粒，在饭碗里时人会觉得它是既美味又能填饱肚子的好东西，但万一掉进了水槽里，那我们就会觉得它脏死了。矿泉水也是一样，装在水瓶里的时候我们都觉得它好喝，但要是装到夜壶里呢？从物质本身来说，它还是它，没有任何变化，但你绝对不会想喝它。类似这样的情况，小到在我们的房间里，大到在整个社会里，无处不在。所以，首先**要通过有意识的选择让物品自然而然地回归到它应该在的地方，回归到需要它的地方。这就是断舍离要做的。**

断舍离的目标，就是让整个社会上的物品都能各得其所。

"我觉得世界上最能彻底实践断舍离生活方式的，是蒙古人。"这是作为经营顾问，同时在蒙古教经营学的田崎正巳先生（STR合伙人公司代表、蒙古国立大学经济学系教授）的考察结论。因为他所说的内容实在是意味深长，所以我在下面转载一些田崎先生的博客文章（摘选整理要点）以飨读者：

"过去，作家司马辽太郎先生曾经为电视节目《街道漫游·蒙古纪行》做出如下评论：

'大部分蒙古人都削弱了物欲，过着清心寡欲的生活。'这八成是因为蒙古人原本是游牧民族，都居住在移动式的蒙古包里，所以就只带一些必要的物品。在避免囤积物品的同时，人对物质的欲望也就淡薄了，反过来，精神世界异常丰富起来。换言之，蒙古人是断舍离的职业高手。然而近年来，在都市化的乌兰巴托，人们的物欲有渐长的趋势，用不着的东西也照买不误，想拥有不必要的奢侈品等与断舍离截然相反的现象也开始蔓延。乌兰巴托市内的餐馆和办公室的杂乱程度，是喜爱洁净的日本人绝对无法想象的。早在一千多年以前，日本人就以定居生活为主，可蒙古人恐怕是在蒙古国成立之后才开始定居生活的，也就是八十多年而已。不过话说回来，蒙古都市化的进程已经势不可挡了。这么一来，或许在未来的某一天，蒙古人会再次需要断舍离的精神。"

　　搞不好蒙古会出现与日本截然相反的状况吧。因为个人的随心所欲而令物质冗余不堪的日本，说不定正面临着一个重要的转折点。

第二章

Chapter 02

我们为什么
没办法收拾
——无法丢弃的理由

物质过度泛滥的社会

到底是什么样的原因导致不需要的东西在生活中到处泛滥呢？我们有必要仔细讨论一下这个问题，找到答案，为彻底实践断舍离做好准备。

假设你的房间里到处堆满了乱七八糟的东西，已经到了根本无从下手收拾的地步。即便是这样，你也没必要觉得愧疚、自责不已，因为严格来讲，我认为这并不全是你一个人的责任，毕竟你就生活在这么一个不断生产出新东西的社会里。也就是说，除了个人本身，所处的环境以及环境所造成的个人对待物品的态度，这些也都是重要的原因。而且，假如说你家里有四个人，那四个人必然都拥有属于各自的物品，可负责收拾屋子的却只有你一个人，这就是说，你一个人要处理四个人的东西，所以处理不好也很正常。在这个问题上，最起码有社会、家庭和自我三个原因，而自我充其量也只承担三分之一的责任。这么想的话，你是不是觉得轻松多了？

捡便宜心理和折扣的陷阱

　　在这个消费社会里，如何劝人买东西，商家可是做了相当高明的研究的。为了让人失去理性地大买特买，他们可以说是研究透了里面的技巧。

　　就说让人产生占便宜的错觉吧，这里我要举个我母亲的例子。有一次，我在独居的母亲家的冰箱里发现了一管特大号的商务用蛋黄酱，这真让我吓了一大跳。那管蛋黄酱实在是太大了，怎么想都觉得我母亲根本吃不完，而且还过了保质期，颜色都变黄了。问她："为什么要买这么大一管啊？"她只回了一句话："因为便宜。"我猜也是这么一回事。这种大号蛋黄酱原本要500日元，结果打折只卖350日元，而母亲经常买的那种她自己能吃完的普通大小的蛋黄酱要卖300日元，这种300日元的蛋黄酱不打折，还是原价。遇到这种情况，我们只会觉得大号蛋黄酱"便宜了150块"，买这个自己就捡了大便宜了，而根本不会比较300日元和350日元的差异。要是买300日元的普通款，可是一分钱的便宜都捞不到，这是显而易见的。可结果就是这种大号的根本就吃不完，白白损失了50日元。我们总是在不知不觉中就一头扎进商家的陷阱，做出这种看着是占便宜其实是吃亏的傻事。

　　此外，我们在面对打折商品时也是完全没有抵抗力的。比如说，你想买件1万日元左右的衬衫，可在差不多价格的衬衫旁边有一件原价10万日元左右的西装正在打五折，便宜了5万日元。可就算是便宜了5万日元，你也得花上5万日元。但这种时候，我们往往根本顾不了那么多，完全看不见自己要花多少钱，眼里全都是打的折扣了。越是在这种时候，我们越是会被折扣比例蒙蔽，看不清"是不是真的适合自己"，冲动之下买回家去，然后几乎就不怎么穿，一直搁在衣柜里白白占地方。这种事真的太常见了，当然了，到底买不买最后还是由自己做决定，所以自己至少也得负上一半的责任。

入口是"断"的闸门，出口是"舍"的闸门

请大家想象一下，我们就像是在河水中游靠近岸边的水池里生活的小鱼，生产出来的物品从上游哗啦啦地流下来，需要的物品可以从池子的入口处进来，不需要的东西就直接流走了。水池的入口就是"断"的闸门，而出口则是"舍"的闸门。如果只需要满足基本生存的话，那涓涓细流差不多也就足够了，不过，作为人类，我们还是需要文化生活的滋养的，所以水流还需要再增加一些，差不多需要隔田川①那样的吧。可现今的日本社会，**物**

---

① 隔田川为东京都内的河流，全长23.5公里，自古以来一直是生活用水、农业用水的水源，并且是重要的水路运输河道。——译者注

质泛滥的程度简直已经到了亚马孙河洪水泛滥时的程度，可我们的意识还仍然是隅田川的程度。我们就是这样，丝毫没察觉到这二者之间巨大的差异。

我们水池的入口闸门本来是打算关得死死的，可来自外部的物质的压力却不是一般大，再加上贪便宜和商家布下的折扣陷阱，所以这闸门常常是打开的。可通往下游、负责排泄不需要的东西的出口的闸门，如果不是有意识努力的话，反倒不会开启，因为那上面已经长满了"好可惜啊""垃圾分类太麻烦了"这样的铁锈了。

换句话说，社会因素令物质不断地涌进来，而由于个人和社会的某些原因，这些涌进来的东西却出不去，永远堆在自己的这个空间里。我们所处的空间只有固定那么大，不可能因为东西的增加而增长，我们必须得意识到这一点。

可是，我们这个社会已经成为一个物品过度泛滥的社会，很多时候根本由不得我们进行选择。让我举几个常见的过度泛滥的例子吧：

中元节礼、年货

奖品、礼品

赠品（"本日限定特别奉送"之类的句子频频出现的邮购品，说不上品位有多高的饮料、杂志的赠品）

超厚的商品邮购目录（只要买过一次，就会连着寄上好几年）

广告邮件与宣传单

包装纸、包装盒、纸箱、冰袋

便利店的方便筷子、勺子、湿纸巾

仔细回头想想，你就会发现，这些东西几乎每天都会流进我们的生活里。

香鱼变成鲶鱼了吗

我们就这样生活在这个"不断涌进来，却只进不出的水池"里。这样下去的话，水池里恐怕已经浑浊不堪、满是淤泥了吧。我们就像鲶鱼一样，活在这个全是淤泥的环境里动弹不得。要是环境适宜的话，我们原本是能像居住于清水当中的香鱼一般来去自如的，可现如今却因为四处堆满了淤泥而无力游动。也就是说，家里堆满了物品，把本来悠闲的空间全都堵死了，我们也因此而不能自在活动。

可为什么我们察觉不到这些呢？这也是情有可原的，因为只要静止不动，淤泥就会一点一点地向下沉淀。这样一来，不管到底有多少淤泥，最上层的水都一定是清澈的。如果单纯只关注最上面一层水的话，那我们自然察觉不到自己已经陷进淤泥里了。不过，虽说察觉不到，可我们却总会觉得莫名地疲惫，没有精神，原因非常简单——那些藏在清澈的水面下的淤泥越积越多，死死困住了我们，让我们无力动弹。

淤泥越来越多，有的人可能就会深陷在淤泥里草草度过一生。由于工作原因，我有时会参与一些整理遗物的工作，常常会看到令逝者家属吃惊不已的现象。想着过世的奶奶没准会留下什么好东西，可打开壁橱，看见的全都是包装纸、纸箱子之类的东西，或者净是一些收礼得来的尚未开封、满是灰尘的床单，总之就是一些没用的东西，想要的却一点都没有。

如果非要问为什么人在这种环境下就会静静地不动弹，恐怕还有一个理由，就是**如果乱翻腾的话，好不容易清澈了的上层水面也会变得浑浊不堪**。静止不动的话，水就不会浑浊，这样的话还能有点喘息的空间。不过，要是下定决心实施断舍离，就必须得把池塘翻个天翻地覆，也就是得把放在衣柜里、壁橱里的东西全都拽出来，这显然会是个大工程。要开始断舍离，就得把立体的、摆得高高的东西变成平面，铺满整个屋子，正所谓"五倍的物品，三倍的灰尘"的状态。如果家人碰巧在这个时候回来了，一定会惊呼："你干吗呢！你这是要折腾乱了还是要收拾啊！"这可真是让人火大，而你自己也会觉得是在白费劲。这种事反反复复，结果那些淤泥——家里的破烂儿——就没办法一扫而空了。这不就是我们目前的状态吗？

我们会在不知不觉中掉进折扣的陷阱，完全忘记了"东西是不是适合自己的品位"。

■物品的流动——"断"的闸门、"舍"的闸门

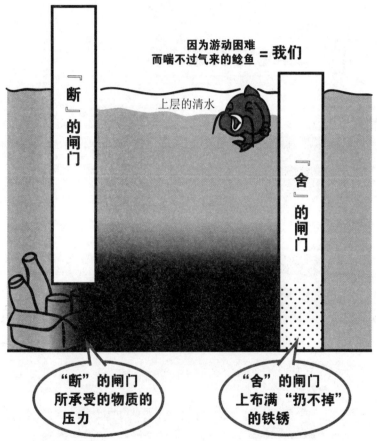

因为游动困难
而喘不过气来的鲶鱼 ＝ 我们

上层的清水

『断』的闸门

『舍』的闸门

"断"的闸门
所承受的物质的
压力

●不请自来地送上门
●觉得很便宜
●没有就会感到不安……

"舍"的闸门
上布满"扔不掉"
的铁锈

●好可惜啊
●垃圾分类太麻烦了
●而且这个很贵……

三种扔不掉东西的人

这八年来，我通过开设断舍离的讲座认识了很多扔不掉东西的人。我渐渐发现，**那些把家里到处都堆满破烂儿的人，可以分成三种类型**。当然，并不是所有人都完全符合其中某一种类型，有些人会是几种类型的混合。不过，这种分类，至少可以让人了解自己更倾向于哪种类型，能多少客观一些地看待自己。

逃避现实型

这种类型的人太忙碌，几乎没什么时间待在家里，所以也没办法收拾屋子。多数情况下，这种人都是对家庭有所不满，不愿意待在家里，所以就找各种各样的事，让自己忙碌起来。加上家里乱七八糟的，所以就更不想待在家里了。慢慢地，在这样的恶性循环里越陷越深。

执着过去型

这种类型的人，即便是现在已经不会再用的过去的东西，也非得收着不可。相册、奖杯等，统统当作命根子似的保管起来。这些物品中多半隐含着他们对过去幸福时光的留恋。从不想面对现实这一层意义上来看，这种类型与逃避现实型也有相通之处。

担忧未来型

这种类型的人致力于投资不知何时会发生的未来的不安要素。这类人的特点是过分地囤积纸巾等日用品，要是没了这些就会觉得困扰、焦虑不安。在三种类型当中，这一类的人最多。

总之我就是不想待在家里——逃避现实型

要是有人问"要想收拾家里，有什么必要前提条件吗"，你会怎么回答？是保证有足够的时间，还是保证能鼓起干劲？可能会有很多条件，但最低限度的必要条件就是这条——在家。

逃避现实型的人，满足这个最低限度的必要条件——在家——的时间非常少。他们是那些马不停蹄地忙于参加志愿活动、聚餐、社团的社交丰富的主妇，以及那些工作结束之后还总去喝酒、深更半夜才回家、周末也常常外出的男性。他们并不是真的因为太忙而不在家，而是因为不想在家所以才把自己搞得很忙，即便他们本人可能察觉不到这一点。换句话说，他们是因为不想正视某些问题，所以才常常找出一些让自己忙碌到必须一刻不停地外出的理由。

让人面对现实的卧室和箱子

　　朋子女士结婚30年，10年前孩子们也都自立门户了，只剩下她和丈夫过着二人世界的生活。平日里，她要去打工，参加社团活动，休息日的中午还要和朋友聚餐，总而言之就是过着忙忙碌碌的日子。因为在家里的时间实在太少了，所以对于家务事朋子女士一直以来都是敷衍了事，家里的杂物已经堆到快让人窒息的地步了。这种让人无从下手的状态不断地恶性循环，让她更不想回家了。

　　她不想回家，原因之一就是她和丈夫的关系。她和丈夫是不得已才结婚的，还在新婚燕尔的时候，她已经觉得面对丈夫是件痛苦不堪的事了。通过断舍离的讲座，朋子女士发觉，在如今这种婚内分居的状态下，完全属于自己的空间就只有卧室，所以她就决定要在卧室进行断舍离。等到终于可以直面自己一直逃避的过去时，朋子女士再次发现了两个装衣服的箱子。其实，早在10年前，她就决心要和丈夫离婚了，可让她打消这个念头的就是这两个作为陪嫁带过来的装了和服的箱子。那个时候，孩子们都离开家了，自己的任务也终于告一段落了，所以她想要离开家。可就在打算离婚的时候，她看见了这两个箱子，于是就想到如果离婚的话，父母会怎么想，会不会为自己伤心，离了婚自己在经济上能不能独立，等等。一想到这些，她就打消了离婚的念头。也就是说，她把自己灵魂的自由和这两个装满衣服的箱子放在了天平的两端，最后获胜的是后者。

仔细想想看，正是从那个时候起，她开始频繁外出。在那之后的第十年，她以卧室的断舍离为契机，终于能与自己内心真实的想法直接对话了。最终，她决定斩断对箱子和对父母的牵挂，和丈夫离婚。虽然离婚以后自己在经济上比之前紧张了，可一想到自己竟然强忍着过了几十年窒息的日子，她还是特别庆幸自己离了婚。而且，她还说，现在在家里，她觉得非常舒服。通过收拾卧室这种极其私人的空间，她或许发现了自己真正追求的东西。

那些回不去的幸福时光——执着过去型

要帮助执着过去型的人收拾房间可是非常费劲的，工作几乎难以取得进展。留有过去回忆的物品数量庞大，每一件东西，都会勾起对当时的记忆，人甚至就这么沉浸在了给别人讲述过去的情景里，结果就完全忘了收拾东西了。当然，珍惜过去的物品以及关于它们的记忆也不是什么坏事，我也留着我儿子小时候的相册和纪念品，可是执着过去型的人留着的这些东西可不是普通数量。他们给人的印象是，他们看不到现实，完全沉溺在过去的死海里。

曾经的花样年华和过去的幸福时光

美奈子女士家里的东西可不是一般多，以至于让人猜测是不是从快结婚时开始，她就把所有东西都留了下来。过去收到的情书、过去读过的书、有很多男人追求时留下来的照片……全都代表着30年前，刚刚结婚的美奈子女士的花样年华。当年，美奈子女士是迫于丈夫追着她说"你要是不和我结婚的话我就去死"这样的压力才结婚的，可30年过去了，丈夫竟然跟她说"希望你能和我离婚"。不用说，美奈子女士的自尊被这句话撕扯得支离破碎，她根本无法接受这个事实。

从象征着那个夫妻恩爱、家庭幸福的时期的露营装备开始，所有的东西她统统都想扔掉，却怎么都舍不得。不过，通过断舍离，她终于正视了自己的这种状态。她一点一点地收拾着，花了3年的时间，终于接受了现实，和丈夫离了婚。如今的她已经能意气风发地说："要是早点恢复单身就好了，我要去找新男朋友了！"不过她的例子也充分表明，要从执着中脱身而出，实在是需要一定的时间。

没有了就会很不安——担忧未来型

担忧未来型的人，总在为了某个没有这些物品就过不下去了的未来担心不已，但这一天却从来没有真真正正地出现过。为了摆脱这种焦虑不安，他们只能去买一堆东西放到家里，看着它们才安心。买了很多卫生纸的人，八成是忘不了过去能源危机的冲击。可是，再次出现同样的能源危机的可能性有多大呢？而且那个未来是什么时候呢？担忧未来的人，脑子里总是没来由地想象一些"总有一天危机会来临，自己会因为买不到那些东西而陷入困境"的情景。

反过来说，他们要通过确保物资充足的方式保证自己的未来不陷入困境。而且，他们并不限于购买卫生纸，只要是遇上特卖，就连面巾纸、保鲜膜之类的日用品都会买回家。这都是由于"这些都是平常用得着的东西，要是没有了会很伤脑筋""这么便宜了，现在要是不买，说不定就碰不上这么好的机会了"等强迫观念。架子上到处都躺着总也使不完的存货，这种情况也挺常见。

案例四
存了15年特效药的母亲

15年前，我母亲患上了惊恐症。那时候大夫开给她的药特别有效，所以一直到现在，她还把这些药当成命根子似的收在药箱里。这一方面表示她很不安，担心自己不知道什么时候会再出现同样的症状；另一方面，她也是在自我催眠着"收着药物 = 总有一天会发病"。当然，那些药早就过了保质期了。我虽然能够理解她忘不掉药效的神奇作用，可就算她再次出现同样的症状，在医学如此发达的今天，恐怕也早就有了更好的药了。为了消除自己的不安，就把打败自己不安的对象——某种疾病——的物证放在手边，这其实是让自己陷入一种担忧的恶性循环里了。

对现在的界定因人而异

在和扔不掉东西的人相处的过程中，我发现，"现在"这种时间观念因人而异，会有很大区别。

比方说存了15年药的我的母亲，她恐怕很难接受断舍离的观念，因为她连10年前的事都觉得是最近的事。就算我指着她有一阵没用的东西问："妈，这东西您现在不用了吧？还要吗？不要了吧？"她也会回答："我用的！"我要是开玩笑说："这东西您就算留着，也带不到那个世界去。"她就会说："不，就算是到了那个世界里，我也要用的！"在反复询问之后我发现，对我母亲来说，即使是20年前的事，也属于现在的范畴。对于我母亲，我根本是一点办法都没有。我只能承认，我们俩的认知完全不同。

相对而言，小孩子总是活在当下。这是因为他们的身体还在成长，自己总是在变化着，所以他们对环境变化的知觉也比上了年纪的人更敏锐。这种对"现在"的时间长度的认知，多少会受到年龄的影响，不过还是存在着个体上的差异。而且，它还会因为环境的影响而发生变化。说到底，**觉得多长一段时间属于"现在"都可以，这是每个人的自由；但是一定要有对自己而言最合适的"现在"存在。**要是能在实施断舍离的期间，发现最适合自己的"现在"，那自然是最好不过了。

扔不掉就是不想扔

来听我讲座的学员常常挂在嘴边的一句话就是"我就是那种扔不掉东西的人"。这话基本上就是给自己定了性，而且还隐含着"我就是这种人，我也没办法"这种简单粗暴的结论。

可是，如果仔细推敲的话，他们并非是扔不掉，而是根本就不想扔。

用断舍离当中的"断"字来表示，或许更容易让人理解。很多人都会说："我没办法拒绝（断），不管是什么我都会应承下来，都会接受，别人拜托我什么，我都没法说'不'。"不过，这种话如果反过来说，也有可能是"我讨厌被别人拒绝，我可不想受伤害"。因为己所不欲，所以也不想将同样的招数施于旁人。

扔不掉同样也是这个道理。扔不掉的背后所隐藏着的真相，是自己把感情转移到了物品上面，并因此而触发了自己"扔不掉＝不想扔"的机制。说到底，**这根本就不是自己是哪一种人的问题，而是自己本身的问题**。在扔不扔东西这个问题上，我们可以借由我们的语言表达方式看到藏于心底的真实想法。

大家到底有没有那种已经不需要、不合适了，但却一直留着的东西呢？比方说穿在身上会让自己浑身不舒服的泡沫经济时期买的西服之类。**这些东西虽然"不需要、不合适、不舒服"，可却还扔不掉，一直留在家里，理由就是执念**。那是一种总觉得很可惜的执念，就算不穿了，但还是不想扔。不过，整天都想着"不想扔"也够累的，所以干脆忘了它，把它放到自己看不见的地方，就这么搁着。虽说一样东西，你把它扔在一边置之不理还是精心保管，这中间是有一点差别的，但要是到了遗忘的地步，那它无论是以何种形式被收留着都没什么区别。从实质上来讲，它们已经是垃圾了。

认清自己与物品之间的关系

没有收拾的屋子就像便秘的状态

姑且不论是不是有执念或者其他心理上的因素存在，只要稍微打开壁橱看一眼，就能发现那些怎么看都是垃圾的东西竟然一直莫名其妙地留在家里，这简直太让人觉得不可思议了。说到理由，大概就是整理太费事吧。

要整理东西确实太麻烦了，又大又重的东西麻烦不说，即便是那些看起来不怎么起眼的小玩意儿，比如一支圆珠笔，一部分是塑料的，一部分是金属的，因为丢垃圾时要分类，所以想把这支笔扔掉也是个麻烦事。结果，虽然知道它已经写不出字来了，可最后还是把它放进笔筒里，因为"必须要对垃圾进行分类处理才行"的良心使然。与其花时间和精力拆开它分类丢弃，还不如就这么插进笔筒里搁着更省事，况且家里又不是没地方放它。如果遇上了大型垃圾，按照日本的规定，扔大型垃圾的地方和时间都有限制，必须要遵守跟一般垃圾不一样的规定才行。这么费神烦人的事，任谁也都避之不及。综合比较起来，还是把它们放在家里，最省事，最不麻烦。

可结果呢？我们把房间比作肠道好了。那些因为这样那样的理由丢不掉的东西堆积起来，堆得越来越多，却只进不出。这么一来，我们就到了一种便秘的状态，这样会舒服吗？显然不会。要是这种状态一直持续下去，症状就会发展到即使一周不通便也无所谓的麻痹状态，即便不舒服，也感觉不到自己不舒服，因为此时身体的感应器已经出现了故障。换句话说，渐渐习惯了房间里堆满物品的状态，就类似于便秘而导致的感觉麻痹。

但事情却不会就这么不了了之。在便秘的时候，病菌会不断释放毒素，这些毒素会被肠道再次吸收，而后扩散到身体各个部位，引起不适。当我们身处一个堆满垃圾和破烂儿的房间时，也等于是24小时不间断地吸收这些废物排出的废气。换句话说，房间里满是破烂儿，就会释放出影响心情的废气，让你在不知不觉间陷入慢性中毒的状态。所以，为了健康着想，还是不要让房间"便秘"的好。

便秘也有不同程度。按照病情的轻重，选用的泻药和具体用量也不同。断舍离的讲座和这本书就相当于适用于杂乱屋子的泻药，有的人只听一次，只随便翻一翻书，就能立即付诸行动让自己和身处的环境焕然一新。也有些人，必须得听好几次讲座，得仔仔细细地慢慢翻看，才能有所收获。以前，遇到那种因为体力和年纪等没办法独自收拾好房间的人，我会跑去帮忙收拾，就好像是一个灌肠师似的。但其实，**只要稍微借助泻药的力量，人都是可以依靠自己的力量完成收拾工作的。**不过，对于便秘患者来说，泻药说到底也只不过是治标不治本而已，如果不改变平日的生活习惯，就无法根治。对于一个总是把家里堆满破烂儿的人来说，也同样如此——如果不改变你的生活习惯，你的家就没办法彻底干干净净。

代表停滞运和腐朽运的灰尘与杂物

我们不妨把那些破烂儿和垃圾比作生鲜食品。没扔掉，但怎么看都是垃圾的东西，就好比是坏了的火腿，因为它们已经不能吃（=不能使用）了。还有一些算不上是垃圾，但却是"不需要、不合适、不舒服"的东西，就好比是已经过了最佳食用期但还没坏的干巴巴的火腿，也就是破烂儿。如果摆在你面前的是干巴巴的火腿，你会闻一闻味道，发现"还能吃"，于是想着"等它再坏下去就扔掉吧"，然后又把它放回冰箱里。可实际上，不管再过多久，你都不会想吃它了，可扔了的话又觉得可惜。结果，干脆把它放到不透明的密闭容器里密封收好，一直放到你根本不想打开容器的地步。

这么打比方的话，大概要容易理解得多。你与物品之间的关系，到底是像和"坏了的火腿"的关系，还是和"干巴巴的火腿"的关系呢？如果你够爱惜自己，一定会毫不犹豫地给自己买最新鲜的火腿。断舍离就是要让大家想通这一点。曾经有某位学员说过一句很有意思的话："火腿要是坏了，我就会扔了它；要是衣服也一样会坏就好了。" 的确，坏了的食物会发出臭味，而且外观也会发生变化，所以我们能下决心扔了它。可要是衣服坏了的那一天，恐怕得等上很久很久才行，我们现在到博物馆还能看到几百年前的人们穿的衣服呢。不过，**在现代人的眼中，那些衣服实际上已经等同于腐烂的了。**

我曾经接待过一位完全没办法把家里没用的东西扔掉的人。好不容易千辛万苦地和他一起筛选出不要的东西，可我却非常担心他会就这么把这些东西放着不管，无可奈何之下，我只好把那些破烂儿带回去扔。结果，我的车里被搞得到处都是霉臭味儿。他家衣服的灰尘里全都是霉菌和螨虫，我觉得这些东西在物理上与腐烂也无异了。

一些研究命理的人认为，一个家庭的运气，可以从物理上看出来。这也就是说，可以从屋里灰尘的数量上看出人和家庭的整体运势。因为工作的关系，我看过很多没有收拾的房间，所以对此可以说是深有体会。在断舍离里，那些像是干巴巴的火腿一样的"虽然还能用，但是一丁点也不想用"的东西会不停地释放出停滞运，而像坏了的火腿一般的垃圾和灰尘所释放出来的，就是腐朽运。

接下来的就是关键部分了。断舍离认为，只要能**除掉那些破烂儿、垃圾、灰尘，就能消除停滞运和腐朽运**。通过把"不需要、不合适、不舒服"的东西换成"需要、合适、舒服"的东西，我们肉眼所看不到的运势就能有所提升。从我的切实感受来说，房间里的东西有八成被破烂儿和垃圾，也就是被"干巴巴的火腿"和"坏掉的火腿"给占了。这其中，几乎有一半是相当于"坏掉的火腿"的垃圾。

破烂儿还可以分三类

让我们把"干巴巴的火腿"——破烂儿再稍微细分一下吧。

不用的东西

漫不经心地保存或放着不管的东西，甚至是已经忘了它的存在的东西。是因为一想到扔掉就心怀不安，所以就一直拖着没扔掉的东西。

还在用的东西

好歹还算是在用，可其实并不喜欢，所以就随便用着。我们会乱七八糟地放着，毫不珍惜地随意乱用这些东西。

充满回忆的东西

因为充满了怀念与回忆，所以总也丢不掉，是拥有强大能量的东西。

不用的东西充满了咒语般束缚的能量。它们就好比是会念咒的束缚人的淤泥，就算你真的觉得必须把它们扔掉，可结果却一直都没能付诸行动，随着时间的慢慢流逝，你甚至会忘掉它们的存在。物品本来就是为了让人使用才被生产出来的，如果是站在它们的立场上去看的话，它们会说"我好寂寞啊""用用我吧""你要是不用的话，就把我送到一个能派上用场的地方去吧""我好恨啊"。与此同时，明明已经和自己约好"必须要处理掉它们"，可却一再打破这个约定，就这么被这些东西发出的咒语紧紧束缚着。如此一来，你极有可能逐渐失去对自己的信任感。

还在用的东西则像是一摊混乱的淤泥。明明不太喜欢，可是还在用，也就是说，把和自己不相配的东西硬塞给自己用。虽说是在用着，可却把它们扔得到处都是，乱七八糟。而且，这些东西在把屋子搞得一团糟的同时，还会唤醒自己的羞耻心。要是别人给你用一些乱七八糟的东西，或是一些配不上你的东西，你恐怕会觉得羞耻吧。或者应该说，就算是已经习惯了那些东西，没有特别意识到这一点，但在潜意识里，你通常还是会因此而感到羞耻。

充满怀念的东西本身就会散发出强大的气场，比方说绘画、古董、动物摆件、人偶等。通常来说，这些东西都是需要用特殊的方法去处置的，比方说拿去神社焚烧。这些东西与不用的东西、还在用的东西所发出的诅咒与混乱不同，里面很可能会寄宿着消极能量。而且，如果无视、忘却这些东西，也就是否定它们的话，我认为，那种咒符般的能量会变得更强。

明白了这些，大家就可以理解，"满屋子全是破烂儿，而且丢得乱七八糟的"这种状态，是无视、否定与混乱这好几重的消极能量交织在一起，所以人就如同陷入泥沼一般进入无法自拔的状态，会觉得喘不上气。如果再加上那些充满怀念的东西，会怎样呢？你是不是想立即动身开始收拾屋子了呢？

案例五
过期的千纸鹤

因为生病要住院做手术，弘树先生收到了同事送给他的千纸鹤。手术痊愈后至今，弘树先生一直把千纸鹤挂在家里的床边，上边已经积满了灰尘。据他本人讲，他每天晚上都会看着这些千纸鹤睡觉。他说，这些纸鹤上满载着回忆，所以舍不得扔。可尽管如此，没完没了地看着千纸鹤只会不断加深"生了病，病得很重"的印象，我认为这是非常危险的。最好是对给自己折千纸鹤的同事以及对自己现在的健康状况表示感激之后，立刻把这些纸鹤处理掉。

　　在弘树先生家那么狭小的环境里，千纸鹤会不断释放出强烈的冲击感，从第三者的角度来看，这实在是非常诡异。不过，人很容易因为习惯了某件事而感觉麻痹，这实在是很可怕。无论一开始有多美好的回忆，随着时间的流逝，一切都会发生变化，就好比是再美味的食物，搁久了也会变味一样。

 除掉废物、垃圾、灰尘，就能除掉停滞运与腐朽运。

当杂物占据了空间

经过上面一番仔细的分类和分析之后，想必大家应该能明白一点了。说到底，堆积着的破烂儿就代表着"良心不安的聚集""担忧的聚集"。我已经说过，在断舍离里，要把时间轴放在当下，而良心不安与担忧，其实是把时间轴错放到了过去与未来。

我们先来看看良心不安吧。我说过，"不用的东西"是那种带着"我好恨啊"的诅咒的东西，反过来说，我们自身也会因为不能物尽其用而良心上不安。光是想着"必须得用"，结果就是行动不起来，时间就这么慢慢过去了，继而又陷入"这样不行啊"的自责中。而且，还会以"总有一天说不定能用得上的"之类的话为借口，就那样把东西放在一边不去处理。在这样的过程中，我们会不停地自责，不停地找借口，不知不觉就耗费了很多的能量。**这种行为就好像是自己狠狠地揍了自己一顿，然后再给伤口贴上创可贴一样**，让能量慢慢地流失。

"如果是这样的话，我就去毁灭证据。""只要扔掉就好了，毁灭了证据就无罪了，是吧？"现在的我能够若无其事地说出这些话，可以前的我也完全就是这种状态。在我还没能"断"的时期，家里全是买了又不用的东西。因为"可是总有一天……"这样的借口，我把它们全都留下来了。与此同时，良心上的不安也越积越多。

时间轴要锁定在现在

"干脆就扔了算了！"虽然这么想，但有些东西就是觉得很可惜，就是舍不得扔。比如说泡沫经济时期买的大垫肩的西装，当时可是足足花了10万块呢，太贵了，而且还没穿过几次。买的时候花了10万日元，这个事实总是一阵一阵地涌上心头，把自己完全逼回到过去。话虽这么说，但这件西装也确确实实不会再穿了。还有小时候家人买给自己的风筝、钢琴，现在根本没人玩了，可它们依然还是稳稳地盘踞在家里，相信很多家庭都有这种类似的玩意儿吧！以前骑过，如今早就锈迹斑斑的自行车之类的，也很常见。这些东西实际上已经变成垃圾了，必须得处理了，可还是因为太重、太麻烦，所以就懒得去扔。这意味着什么呢？这意味着，**把能量留给未来，让未来去处理了**。可这些东西留了下来，反而会强化这些东西所包含的回忆和能量，给人造成混乱。说真的，我的感觉是，家里放着的东西，有八成都是时间轴错放到了过去或未来上的。

剩下的两成，就是时间轴确实锁定在现在的东西。这些东西就算放得很乱，在断舍离看来也不是什么大问题，因为这些东西与自己是有切实的关系的。或许你很随便地胡乱用着这些东西，或许这些东西也和你自己并不相称，但将它们替换为"需要、合适、舒服"的东西，就是下一阶段要处理的问题了。在目前这个阶段，当务之急是确保物品保持在active——使用中——这样的正常状态。因此，在断舍离当中，**比起凌乱，堆积了聚焦于过去和未来的物品才是问题**。

聚焦于现在的物品也可以分为几类。每天使用，每个月用一次的，频率更低一点的还有每个季度、每半年、每一年用一次的，或者还有只在婚丧嫁娶等典礼上使用的东西，我们可以粗略地把它们分成日常和非日常两类。也就是说，并非使用频率低就不会和人产生切实的联系。那类使用频率低的物品，也必须仔细看明白再收起来留用。

不过，我常常会看到类似在盛夏里玄关处还摆着滑雪板之类的东西的情况。这是不是因为占了八成的过去和未来的东西太多，占据了收纳空间，迫不得已出现了这种情况呢？暖炉和风扇不合季节地一直放在外面，类似这样的情形，还是要警醒一点。

不要把重点放在非日常上

此外，在往家里带东西的时候，我希望大家能注意，有时候，我们会把购买的焦点放在非日常的东西上。比方说，有人会为了一年也来不了一次的亲戚、为了偶尔来小住一下的朋友，特意准备茶具和被褥。有的人在碗柜里放了大量专给客人用的餐具，可自己家人用的餐具却很少。我想，这一定就是因为他们总在重复上述行为。

在断舍离中，基本上没有"客用"这种观点。自己很喜欢，同时一直在用着的东西，拿给客人用就好了。因为平时在用的东西，都是经过自己精挑细选的好东西，所以给别人用也挺好的。**为一年一次，甚至是几年一次的事情花钱，说到底不过是虚荣罢了。**如果按照一年只住两个晚上来算，就等于是在365天中的两天上花费了过多的精力。其实，大部分的客人来住的时候，不会有"我想用客人专用的好餐具、好被褥"的想法。所以，不用为了虚荣而硬撑门面，自然地招待客人就是最好的。

找回对自己的信任

人会产生"说不定以后能用得上呢""必须得扔掉了，可又

■ 现在区·过去与未来区——存在的关系，结束的关系

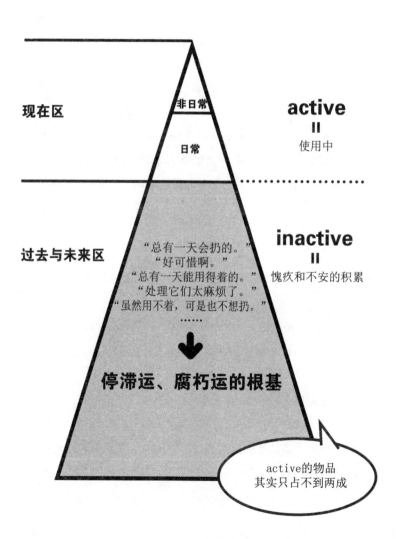

没有行动"这样的想法，多半是源于对自己的不信任。用和朋友之间的约定来打比方的话，这就容易理解了。

比方说我和朋友约好了吃午饭，但我却告诉朋友："对不起，我突然有点急事，今天约好的午饭，咱们改约到下礼拜好不好？"朋友很爽快地说："没事儿，下礼拜也可以。"结果到了下礼拜的那一天，我又对她说："对不起，我今天也有点不方便，能不能改到再下周啊？"因为已经是第二次了，所以朋友多少会有点火，可还是说："好吧。不过，你可真够忙的啊，英子。"然后就到了再下周，如果此时我又说"对不起，我今天又突然不方便"的话，如果我约的是你，你会怎么想？只是一次的话还能原谅，可要是接二连三地出现这种情况，你恐怕就会觉得"和这家伙约好了也不可信，与其被她拖来拖去的，还不如干脆不跟她约定什么更好呢"了吧？我的信誉度就会因此而骤然下降。可大家有没有对自己做过这种事呢？想着"要用"，想着"要处理那些破烂儿"，想着"要扔掉"，可结果却根本置之不理，这就是拖延了与自己的约定。这种事日日重复，对自己的信任感就会一点点消失殆尽。

那么就遵守约定吧，跟朋友说"对不起，我都改了三次了，可这次肯定没问题了"，去赴约，见了面再说"我让你为难了，今天就让我来请客吧"，这么一来，我的信誉度想必就能稍微恢复一些了。因为朋友会觉得"她也算是为这件事感到自责了，而且到底还是遵守约定了",所以她对我的信任感就有所恢复。这样一来,能量水平也能上升,也就是说,疲劳转化成了活力,人也因此变得神采奕奕了。换句话说,能够收拾好一件东西,就等于遵守了与自己的约定,这件事就成了**换取值得信任的自己的信用资金**。

由减分法变成加分法

接下来要做的重大改变,就是要从减分法转向加分法。

不值得信任的自己,是一直处在"今天也没做到""没能遵守约定"这种减分状态的,而如今要转向"我今天做到了""我遵守了约定"这种替自己加分的角度,也就是要转成加分法。这样的话,自我肯定感就会骤然增强。"今天就把这个放到网上去拍卖掉""今天要把这个送给会用它的朋友",这么想着,并立即把这些想法付诸行动。如此一来,你就会一点点地增加你的信用资金。也许你仍然想在生活上和工作上用减分法来评价自己,或是还不得不用减分法来评价自己,但像这样,从收拾物品上逐渐增加信用资金,也就不必再无谓地否定自己了。最起码,这能让你的心更放松,更健康。

扔在一边的英语口语函授教材

说来很丢脸，这是发生在我自己身上的事。

那是我还没想到断舍离的"断"的时候。那时，我觉得"要是能说一口流利的英语，那简直太帅了"，于是就买了一年的英语口语函授教材。这套教材是先付费，然后按月寄过来的。如果冷静地想一想，其实我根本就不是那种会勤奋学习的人，但良心上的不安越来越强，最后我只好给自己找各种各样的借口了——"我报名的时候还觉得自己会很有时间呢，可谁知道一下子变忙了""攒到一起，等暑假的时候再学吧""算了，还是寒假的时候学吧""春假的时候……""那干脆等到我退休以后再……"，就这样一拖再拖，终于把它给忘了。某一天，大量的教材和磁带一下子全都涌了出来，我家那时候已经只有CD播放机，放不了磁带了。因为总是对自己重复着"总有一天、总有一天"这样的借口，所以就常年对此置之不理。如今回头想想，那其实已经造成了无法挽回的能量的损失。最后，我终于通过"毁灭证据"，完成"无罪释放"，获得了解脱。

如果能早早就把它们处理掉的话，我也不用为此受累这么些年了。

由忽视和否定而来的能量

接下来让我们再次回到物品的立场上。

打个比方说，我和我的两位朋友A和B是非常好的三人组，以前我们三个人的关系非常好，可某一次，因为我的态度大变，导致三个人在一起的时候完全忽视B，甚至连看都不看她一眼。这样一来，B起先是觉得很寂寞，接下来就会越来越气愤，觉得"山下英子是个无礼的家伙""是个混蛋"。

在断舍离里，我们可以认为被忽视的物品也是这样。尽管物品不会开口骂"你这混蛋"，但我常年做这样的工作下来，是确实能感到它们在不停地抱怨说"我好恨啊"。或许有人觉得，我把人和物品同样看待，实在是荒唐的无稽之谈，可物品原本就是因为你要用才留在手边的，而且也应该是因为这种想法才被带到家里来的。所以，如今你没有用它，这就相当于背叛了当时的关系。在断舍离里，我们必须时常关注着"物品与自己的关系"，所以这种关系要是这么不上不下的，我们**不仅忽视它，甚至还遗忘它，那么物品非但无法完成自己的使命，而且甚至连自身的存在价值都被否定了**。始作俑者的我们，根本已经把这件东西忘掉了，所以没什么罪恶感。但是，代表着过去关系的物证，仍然是一直存在着。

接下来，带着这个念头，打开自己家的衣橱吧！里面是不是堆满了被忽视与否定的怨念呢？

曾经有位学员用一种非常特别的方式形容了这种状况。她说，打开衣橱，衣服塞得满满的，常穿的大概也不过是最外面的三件而已，剩下的那些动都动不了的衣服简直就像是"不被临幸的大奥①中的侧室"一样。过去她或许被大将军宠爱，可如今，将军只理会那三个新宠。因为这里是大奥，所以一旦被将军宠幸过，就再也出不去了。因此衣橱里的衣服就全都等着哪一天再次被临幸。将军大人一次最多只能同时宠幸三个人，剩下的有三十个人都见不着他的面，可一旦某个被冷落了的侧室打算跑到别的地方去，那么不知是出于执念还是留恋，大将军还是会因为惋惜而出手干涉，非把她留在身边不可。这种事会一直不停地重复。很恐怖吧？不过，衣柜其实和大奥不同，要是再也不穿了的话，那就放它自由，让它步上新的旅程，这样不是更好吗？并不是只能扔掉它们，还可以送人，可以拿去二手店，有很多方法可以让它们重新发挥作用。

对于人类来说，比起生存需要来，归属、认同等需要更为强烈。比方说因为被裁员，所以就把自己逼到自杀的分上，就是一个明显的例证。

衣柜塞得快要撑破了的状态，这是不是能让你感觉到，自己

---

① 大奥为幕府将军的后宫。——译者注

总是处于那些归属与认同的需求没有得到满足、"不被临幸"的衣服所散发出的能量当中，备受干扰呢？

让房间变乱的心理

基本来说，让房间乱七八糟，把屋子搞得一团乱，粗暴地随便乱堆东西，就相当于赋予了自己否定、自卑的能量。为自己的行为感到羞耻，蔑视自己，甚至潜意识里充满了完全意识不到的羞耻感。过不了多久，**能感到不快的大脑回路也变得麻痹了**，这么一来，就彻底分不清到底是因为房间乱才羞愧的，还是因为羞愧才让房间变乱的了。把房间搞得脏兮兮的人也一样，多数都有自我惩罚的倾向。如果你觉得自己也是这样的，那首先就得承认这种现状，这是完全能做出判断的。而且，能够做出改变的，也只有你自己。

案例七
家里乱成一团的室内设计师

真由美女士是房产公司的室内设计师。"好棒啊，您家里想必也是非常整洁的吧？"每当听到有人这么夸她，她的情绪就会瞬间一落千丈，因为她的家完全是一副惨不忍睹的样子。

参加了断舍离的讲座之后，真由美女士开始重新审视自己到底为什么会从事室内设计师的工作。她的娘家家教非常严格，当年她完全因为父母的撮合才和丈夫结婚，结果婚姻以失败告终；再婚之后，她也是因为没有孩子而忍不住自责。真由美女士深信自己除了家事之外一无所能。可尽管她拼了命地做家务，也依然得不到丈夫的认可与赞扬。

就在这时候，真由美女士接触了室内设计师这项工作，她发现，在家庭之外，自己也有能够得到认可的地方。不过与对待工作的态度相比，对待家务事她却是越来越敷衍了，在家和在外边的对比越来越明显，这种仿佛随时都在撒谎的状态令她十分痛苦。

真由美女士就是典型的逃避现实型的人。在了解了断舍离之后，她就开始脚踏实地一点点收拾、整理自己的家，存上了信用资金。真由美女士原本打算买新房子，从狭小的公寓搬走，不过在进行了断舍离之后，她打消了这个念头，因为"不是我家太狭小，而是东西太多了"。

断舍离为她省下了好几千万，这么说可是一点都不过分。

重新思考住所的意义

　　见过太多没有收拾的住所之后，我想到了这样一个公式："数量×场所×时长"，这公式的结果就是环境所承接的能量的大小。这可不是做加法，而是做乘法。

　　我们首先来看看数量和时长。"不需要、不合适、不舒服"的东西大量长时间地存在，与少量短时间地存在，这两者之间可是差异巨大的。如此想来，住在有仓库、有历史的房子里的人可太辛苦了，因为家里到处都是满载着沉甸甸的历史的传家宝，那可不是一个人的东西，也不是一代人的东西，是经年累月代代相传下来的。这些东西可是非常要命的绊脚石。

　　接下来是场所，场所也是非常重要的因素。比方说很多家庭里，衣柜上的东西都快要堆到天花板上了。在这种卧室里睡觉，身心都无法得到真正的放松，因为在这样的屋子里总是会有压迫感，甚至造成失眠。要是地板上也散乱扔着各种各样的东西，让人寸步难行，就更是让人觉得不安了。总是被这种压迫和不安包围着，实在是不怎么舒服。头顶上堆着东西，这会让人感到心气郁结，家里的运气也会被挡住。那么脚边的东西呢，关于脚，有"脚步不稳""脚下被使绊子""扯后腿"等俗语，在脚边堆满东西也可能会出现这些情况。因此，断舍离认为，首先就应该把这些东西处理干净。

断舍离以"住育"为目标

前面我已经对无法收拾的屋子进行大致的归类和总结了，你的房间属于哪一种，现在的你是不是有所察觉了呢？

我们所居住的地方会投射出我们自身的状况。可尽管如此，我认为我们在如何对待我们的住所这个问题上仍然没有太多的觉悟，仍然没能彻底直面它。

说起来，住所存在的意义到底是什么呢？我们不妨回到原点去思考这个问题。房子可以为我们遮风挡雨，保证我们不挨冻、不受热。断舍离认为，住所的大前提是**确保健康与安全**。如果不能确保健康与安全的话，那么住所就成了一个"虽然叫住所，但却不能住"的空间了。堆了一大堆的东西，满是灰尘，还滋生出霉菌和螨虫，这样的环境可绝对算不上健康。东西堆得高高的，地板上也扔得到处都是，走路都变得困难重重，随时面临着高空落物的危险和绊倒摔跤的危险，这样的地方也算不上安全。好不容易买了硬件设施足够好的公寓，结果搞成这样，完全是白费工夫。房子是新是旧，这个并不重要，里面的东西堆得太多太满，就会影响健康，不利安全。有的人家里就是这么个状况，却抱着患上哮喘的孩子到处寻医问药。并不是说看医生不重要，但与此同时，也应该减少家里的物品，把家里维持在一个能够经常进行简单打扫的状态，以防止霉菌和螨虫的滋生。只有这样，才能真正治好孩子的哮喘病。

有很多人非常在意食物和饮水安全，因为它们都是支撑人的生命的基础。人类的生存条件是有一个底线的，据说有的人可以只靠水和糖维持一个月的生命，还有新闻报道说有的人因为受困断水断粮，足足坚持了一个星期才被救出来，竟然也奇迹般地活下来了。如果非要说底线的话，那人只要屏住呼吸，短短五分钟就会死亡，这和食物、水维系生命的时间单位完全不同。所以说，**呼吸的品质**也和食物与水一样重要，甚至比它们更重要。

日本有"食育"这个词，指的是培养一些了解食物的知识、掌握选择食物的能力、实践健康饮食生活的人。就像这个词所说的，我们很在意吃进嘴里的东西，可对住所、对物品目前却还没那么在意，而断舍离的目标，就是"住育"。

增强改变居住环境的意识

自然环境、地球环境、家庭环境、肠道环境……环境也可以有很多种含义，断舍离主要从三个角度来思考环境。

与人有关的环境和与场所相关的环境

近环境和远环境

靠自己的力量能改变的环境和靠自己的力量改变不了的环境

对于与人有关的环境，那些相关人士就显得非常重要了。比方说，要想改变家庭环境，并不是那么容易，可要是只与场所有关的环境，凭个人的努力做出改变就是轻而易举了。从远近来说，远环境不会对自己产生直接的影响，所以要想有所改变的话，就从近环境开始。这样综合考虑下来，与场所相关、近处、靠自己的力量能够改变的环境就是可以立刻改变，并且容易改变的。换句话说，就是居住环境。

说句题外话，其实也有那种所谓"看得见的和看不见的环境"。比如说现在很流行的那些前世、祖先、气场之类的，这些从某种意义上来说也是环境，是与人有关的环境。如果真的有这些东西的话，那可是很难改变的。人们就算是拼了命凝神屏气在这些东西上面，非得改变它们不可，一时半会儿恐怕也得不了逞。与其在这上面费工夫，倒不如从看得见的环境入手，更好地运用容易发生改变的"场的力量"。如果真的想要做出改变的话，就必须得从完全看得见的环境入手才行。

要是想改变居住环境，首先就必须得进行诊断，要用他人的眼光来看待自己的家。比方说，你去别人家的时候，如果对方家里乱成一团，你一定会想"这简直不像话"吧，可住在屋子里的人，因为已经看不清家里的真实情况了，所以能无所谓地生活在里面。就这么想着，等到回了家，你可能就会出乎意料地发现自己家里其实也差不多。实行断舍离一半就卡住的人，正是因为到了要以他人的观点看待现实这一步就走不下去了，这就跟在减肥过程中因为进入了平台期、体重不再变化而前功尽弃一样，都是不想面对现实。不过，这一步却是非常重要的，我会在第四章介绍熬过这段艰难时期的技巧。

让家成为最棒的放松地

假如回到家里，看见到处都是乱糟糟的，那我们恐怕会无意识地叹口气说"累死了"；可如果家里是一尘不染的，那就很有可能在推开门的一瞬间说句"果然还是回到家最放松啊"这类积极的话了。这些话以及我们无意识的举止、表情、行为，其实对我们都有很大的影响。如果经常唉声叹气，那一起住的人也会跟着郁闷不已。即便是独居，你的态度也会影响到你自己。可见，**语言与动作也属于自己能改变的环境之一。**

断舍离认为，如果家里能成为好好招待自己的空间，那是再好不过了。去高级饭店吃饭，如果盘子缺个口，你一定会不高兴吧？可是，在家里的时候，说不定你就是这样对待自己的。再比如说，在高级美容院花了几万日元享受了绝妙的护理后，回到家却要面对脏乱的房间……我很理解大家想要逃离现实，好好地放松一下，可这种反差太过强烈，结果只会让自己更别扭。既然如此，那就让自己家也与美容院一样，成为最棒的空间吧！**断舍离也可以说是一种极力消除反差的环境整理术。**

我曾经听一位在酒店做客房服务的人讲过这样的事，说越是高级客房里的客人，退房的时候越是会把房间收拾得整整齐齐，相比之下，标准间就惨不忍睹了。因为住在那里的人，多半会觉得反正服务员要打扫房间，自己根本没必要收拾。其实，这并不是要做给谁看，而是自己的事就得自己好好善后。如果能拥有这种自觉性，那可是太棒了。

 居住环境是凭借一己之力可以改变的环境。要打造出能够款待自己的空间。

川畑信子女士曾经是参加过断舍离讲座的学员，现在也一起帮忙办讲座，同时还是断舍离的传教士（或许）和心理治疗师。她在博客上写了南丁格尔的居住环境论，我看了，很是震惊——竟然有人早在一百多年前，就如此深刻地洞察到了居住环境与人类疾病的关系！

南丁格尔是作为"战场上的天使"而广为人知的，但令人意外的是，她曾经从居住环境出发，探讨了疾病发生的机制，这一点恐怕大家都不知道吧？我想，她才真正称得上是杂物管理咨询师的鼻祖。

"不仅污物堆积如山，其他让家里变成不洁物的囤积所的东西也比比皆是。贴上去多少年都不换的旧壁纸、脏兮兮的垫子、从不打扫的家具……这些东西都和地下室里堆积如山的马粪一样，是让空气变得污浊不堪的罪魁祸首。这里的人由于所受教育和习惯，根本不关心居所的健康，而且也根本没想过这回事。对所有的疾病，他们都当作自然结果来接受，认为是'神之手所带来的'。还有，就算他们觉得保证家人的健康是自己的义务，可一旦要开始实行了，就一定会输给各种'怠慢与无知'，故态复萌。

"而那种'怠慢与无知'主要有三种，简要说来就是——

1.不觉得有必要每天亲自检查建筑物的每个角落。

2.不觉得空房子也必须得每天清扫和开窗换气。

3.觉得只要打开一扇窗，房间就能充分换气了。

......"

——《护理札记》，弗洛伦斯·南丁格尔著

这些内容，就算是今天读来，也会有所动容吧。

第三章
Chapter 03

先从整理头脑开始
——断舍离的思考法则

以自我为轴心，把时间轴放在当下

从现在开始，我要给大家介绍实践断舍离必不可少的思考法则了。

如果看完了前面的内容，想必大家也能感觉到，断舍离其实是一种非常简单的方法。总而言之，在行为上，先学会"舍"，也就是把不需要的东西全都扔掉就行了。

那从现在开始，我就来给大家介绍实践断舍离时必不可少的思考上的窍门。至于"舍"的秘诀，就是完全地以自己为中心，并且以当下为时间轴。没有必要按照"衣服篇""厨房篇"之类不同的类别选择不同的方法，进行同样的思考就行了。不过，要怎么样才能掌握这种思考方法呢？下面我马上给大家介绍。

"自我轴心"的窍门 ——注意提问时的主语

假如这里有一副我正在用的眼镜。

如果我拿着这副眼镜对你说"请用吧"，你也不一定会用吧。可如果要是问这副眼镜是不是"能用的眼镜"，答案显然是"能用"，也就是说它是可以被使用的。同样是可以用的东西，对它的判定却是因人而异。这也就是说，能用的东西，和我用的东西是不同的。

　　那么，在你的家里，单单只是因为能用就留在那里的东西，是不是有很多呢？

　　比如说，便利店里的一次性筷子。如果问能不能用的话，答案显然是能用。可如果要是问我用不用的话，那答案就会是我不用——"我才不愿意用那种东西呢！"尽管如此，这种一次性筷子还是不知不觉地填满了你的整个抽屉，只是因为能用就难以丢掉，因为丢掉会很可惜。我们常常会出现这样的心理，不是吗？

　　这就是**让物品当了主角的状态**。还是拿眼镜和筷子的例子来说，**物品原本是因为"我用"才有价值**。可多数人都说"**眼镜**可以用""**筷子**可以用"，**拿物品当了主语**。这是把主角的位子拱手让给了物品，把焦点聚在物品上的状态。

　　带着这种观点再回来看看我们的房间，你就会发现，只要是能装东西的地方，就全都塞满了买蛋糕时送的保温袋、已经干透了的湿纸巾、免费赠送的圆珠笔、住旅馆时送的小毛巾之类的杂物。这些东西很难说是"经过精挑细选才留下来的"。也就是说，收纳这些东西，只不过是在做垃圾分类。如果大量累积类似这样的东西，就说明自己已经进入了对物品的品质和数量毫无知觉的状态。这些在居住环境里放了好几个月，甚至放了好几年的东西，只不过因为不是生鲜食品所以才没有烂掉。**但是如果从机能上来说，它们早已经腐烂了**。置身于这样的环境中，几乎等于是住在一个垃圾暂放室。

电视新闻里经常会把一些人称作是"垃圾屋的住民"。那些人住的地方已经超越了垃圾暂放处的状态，成了一个真正的垃圾场。真要是到了这个地步，那对物品的品质和数量就不是毫无知觉，而是彻彻底底"没感觉"了。我觉得他们多半是刻意让自己变得没感觉的，虽说不能一概而论，但生活在这种环境里的人，多数曾经经历过强烈的孤独感，比如家人离散、失去所有财产等。寂寞、悲伤的感觉会让他们更加痛苦，所以他们干脆封闭了感觉的闸门，让自己麻木。不过，与此同时，快乐和舒适的感觉也一并丧失了，他们只是隐隐地觉得自己被什么东西包围着，这多少能减轻一些寂寞感。这种人会让我们强烈地感受到他们的"没感觉"吧？不过，大多数人还没到这种程度，所以请放心，我们还是可以改变思考模式的。

主语到底在哪里？主语到底是"我"还是"物品"？请养成经常如此自问的习惯吧。如果能养成这样的习惯，就会有意识地注意到物品的品质与数量，就能做出需要或不需要的判断。在毫无知觉的时候，即便是空了的打火机，你也不会扔掉它，而且还可能当宝贝似的留着。不能用的话，就扔掉！这样，才能开始形成"是因为真的能用，所以我才用的"这样的思考模式。

 在考虑物品是否应该被留下时，思考的主语是"我"，而不是物品。

将与物品的关系比作人际关系，了解当下的含义

为了让大家更容易理解自己与物品之间关系的变化，我们把这种关系置换成人际关系来看看。

处于已经成为垃圾暂放处的房间，就好比是过着**被各种人围绕着的生活**。也许你会说，反正是人，就让他们待在我家好了。可是，他们是你根本就不认识的陌生人，而且满屋子都是，这是不是让你觉得很不舒服呢？

如果能稍微提高一点，让主角从可以用的物品挪到自己身上，物品是否有用全由自己决定，这也可以说是飞跃性的进步了。拿人际关系来打比方，这就是从四周都是陌生人上升到了四周都是认识的人的阶段。此时，身边人的数量会比前一个阶段有

所减少，让你觉得轻松一点。这就好比是你到了国外，四下里全都是外国人，好不容易碰上了个本国同胞，这一定会让你有种松口气的感觉。

如果把你与人的关系再往前发展一步，就到了**需要确认能不能把对方叫作朋友的阶段**。这个阶段，就要引入时间轴的概念了。也许某个人与你的关系在过去很不错，也就是说，某样东西过去曾经是对你很重要的宝贝，会让你涌出对过去的怀念和留恋。但在今天，这个人与你的价值观发生了分歧，你们的关系已经不如从前那般亲密了。这种时候，与其勉强自己"立马把这个人抛掉"，倒不如先适应现状，学会接受这种变化。换句话说，就是**选择对当下的我来说最必要的朋友**。

非得这样的话，可能很多人难免有些于心不忍。不过，除了个别极为特殊的例子之外，人际关系本来就是随着时间不断变化的，就算是莫名其妙地渐行渐远了，也可以心平气和地接受。不过遗憾的是，物品不会像人一样主动从你身边溜走，因此所有的判断及判断之后的行动——是扔掉，还是送去二手店，或是送给谁——都要由自己主动去做。

反复几次之后，你就能渐渐发现对当下的自己来说，什么是不必要的了。曾经有学员把这种状态形容为"虽然在扔东西，可是垃圾却不停地冒出来"。在这种状态下，连街上卖的东西看起来也全都是垃圾了，人的思维模式真的可以改变到这种程度。在断舍离里，这种状态就叫作"对破烂儿的IQ（情商）"的提升。

如果还能持续进步的话，就能到达更高的级别——**只选择死党，也就是只选择真正必需，而且自己又喜欢的东西的阶段**。和很多人进行非常深入的交往，那几乎是不可能的，必须要有所选择，而且是在众多人里选择两三个。所以说，这才是真正精挑细选后的状态。

案例八

以一副假牙为契机，接受丈夫去世的事实

十年前，丈夫的突然离世令胜美女士的身心都失去了活力。她一直都无法接受丈夫的死，也无法接受随之而来的生活上的变化——必须一个人住。她家一团糟的厨房仿佛代表了她十年来的悲伤感叹，而她现在终于也发觉厨房的惨状已经到了极限，决定要开始断舍离。

她铁了心，每天空出两个小时，连续三天，把堆积了十年的东西全都消灭得干干净净。而且，她还在水槽的角落里发现了亡夫的假牙。看到它的时候，胜美女士大笑了起来："想必他在那个世界吃饭吃得很辛苦吧！"她觉得这副假牙简直就象征着她对丈夫的思念。

现如今，她能够这样大笑着接受丈夫离开的事实了。而且，

082

这种真切的感受令她彻底转变了对物品甚至是对心灵的态度。现在的她觉得，只要把重要的回忆放在心里就好了，东西则完全可以扔掉，好让自己重新恢复当下该有的状态。如此一来，过去的痛苦就像从未出现过一样消失殆尽了，她的房间也焕然一新。

就这样，以断舍离为契机，胜美女士接受了丈夫的死这一异常艰辛痛苦的事实，而且她也能够怀着轻松愉悦的心情迈向人生的又一阶段。

选择物品的窍门，不是"能不能用"，而是"我要不要用"，这一点必须铭记在心。

理清扫除的整体概念

提起"扫除"这个词，我们脑子里会浮现出哪些行为呢？是用吸尘器吸尘，把散乱的东西全都堆进收纳箱，还是把不需要的东西统统扔掉？恐怕每个人的脑子里的行为都不一样。"扫除"其实就是这么个没法确定准确含义的词，我们都在没有完全明确"扫除"定义的情况下使用这个词。

那么在这里我要问一个问题了。下面这些选项，到底属于整理还是收拾呢？

□把沙发上的洗好的衣服叠起来。

□把散乱的玩具收进玩具箱。

□把拿出来的书放回书架。

□把用完的文件装入文件夹。

□把烘碗机里的盘子和杯子放回碗橱。

在断舍离里，这些全都属于整理，而不是收拾。我在前面也说过，在断舍离里，所谓收拾是"筛选出必需的物品"，而上述这五项说起来不过是把东西放回原处，或者是把家里的东西改变一下形态，移动一下，甚至仅仅是挪开而已。只有把不需要的东西丢出家门，这才算是断舍离里的收拾。

很多人会把整理与收拾混为一谈。所以，我在这里必须要明确这一点。

在大多数的整理术、收纳术中，"扫除"的意义都是含糊不清的。我曾经拜访过一位因为没办法收拾屋子而备感苦恼的人，竟然在他家里发现了一台买了四年还一直静静躺在包装箱里，从来没打开用过的吸尘器。那位客户大概认为，扫除就等同于要用吸尘器，可他家里的垃圾多得都快要溢出来了。不把这些垃圾先清理干净，不管再过多少年，恐怕也还是轮不到吸尘器出场。

在断舍离里，"扫除"明确地分为上面所说的那种**收拾**，需要利用收纳术的**整理**，以及表现为扫、擦、刷的**打扫**。

这三个词的意思几乎是完全不同的。大家恐怕不难理解，这三种行为所需要的思考方式和身体上的动作是完全不同的。不管是整理还是打扫，都只有在收拾好了之后才能顺利地进行。拿整理书籍来说，比起整理到处乱堆着的一百本书，先筛选出真正需要的十本书以后再去整理、分类要容易得多。即便就让它们全都在地上搁着，也会给人一种已经收拾过了的印象。而且，比起堆着一百本书，堆着十本书的地板也更容易扫、擦、刷。这也就是说，**扫除是需要顺序的。**可是，在我们的日常生活中，常常是在没有收拾，也就是在没有筛选物品——物品数量庞大，丝毫没有减少——的情况下就开始整理。结果，过不了多久还是会恢复原貌，还是乱七八糟，没法打扫。这种所谓经常的打扫和整理，真是让人痛苦极了。而且，这种打扫通常会花费大量的时间，会让你有种把宝贵的时间全都浪费在这上面的感觉。对于平时喜欢收纳并以此为乐趣的人来说，这倒还无所谓，但大部分人恐怕想把时间花在其他的事情上吧。

　　由于我自己总是在做这种有关收拾、整理、收纳的讲座，所以常常会被人误会我是个喜欢收拾的人，其实我可是超级怕麻烦。我可不是那种能把生活里的窍门分享给人的超级主妇。我之所以会想断舍离，说到底也是因为想尽量避免干些麻烦事。因为不擅长收纳，所以就削减物品；因为讨厌打扫，所以就不在看得见的地方乱放东西，好让自己轻松一点。换句话说，我是想知道怎样才能尽可能地不做扫除，才利用减法思考出断舍离的。如果从这个意义上来讲，整理术和收纳术，说到底都是给那些擅长整理和收纳的人准备的。可这些人，即便是没人教，自己也能主动花心思想出各种各样的点子来。我深切地感到，**对打算开始收拾、整理、收纳，但又觉得扫除很麻烦的人，断舍离是非常必要的**，因为我自己就是那样的人。托断舍离的福，我真的觉得很轻松，会自然地想要去扫、擦、刷，甚至会觉得它们都是令人愉快的工作。

　　我曾经很偶然地在风水和励志书里看到，它们非常重视刷抽水马桶。抽水马桶确实非常重要，如果连住所里最容易脏的地方都能刷得干干净净的话，那心情自然会分外愉悦。不过，如果是在一间完全没收拾过的屋子里，想把手伸进马桶里刷洗的话，那恐怕就太难了。而且，就算把马桶刷了个亮亮堂堂，可屋子里还是乱得一塌糊涂，那依我看，财运也不一定能提高。

在断舍离里，"扫除"分为收拾、整理，以及表现为扫、擦、刷的打扫。

■ 断舍离中扫除的概念图

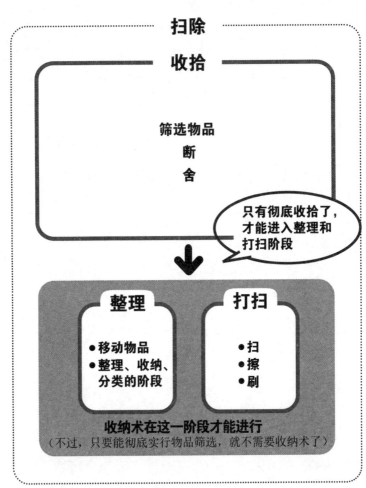

※ 在本书中，扫除是收拾、整理、打扫三个行为的总称，与一般的扫除定义不同。

关注不扔东西造成的损失

经济学里有个众人皆知的80/20原则，说的是"80%的营业额都是由20%的营业员完成的"。按照这个意思，80/20原则也可以说成是**巨额的成果是由少数人创造的经验原则**。

在过去的八年里，我通过讲座与超过两千名学员有过接触，倾听他们的故事，视情况的不同有时还需要拜访他们家。在这个过程里，虽然存在一些个体差异，但总体上来说，物品也同样会遵循这个原则。

第59页的"现在区·过去与未来区"这张图，就显示了这一原则。具有实际价值并且仍在发挥作用的物品，其实只占所有物品的两成，而且，绝大多数时候光靠这20%的东西就足以应付生活了。换句话说，如果只留下那两成物品，**在五次里，只有一次会因为没东西用而困扰**。也许你会说，如果把东西全都留下来，那岂不是连一次困扰都不会发生了吗？可这样根本不行，那些占了八成的东西虽然几乎没有出场的机会，但却会时不时让我们觉得不安，结果反而是更伤脑筋。那八成的东西，只要存在，就会造成困扰。说到底，只需要两成的东西，就能搞定五分之四的状况，况且剩下的那八成都是没用的、令人徒生困扰的废物。所以，扔掉它们更划算，不扔掉，反而会吃亏。

第38、39页曾经介绍过扔不掉东西的人的三种类型，其中之一是担忧未来型。这种类型的人就很喜欢把目光集中在"平均五次中只会出现一次的情况"。在断舍离的最初阶段，如果抑制不住地出现"好可惜啊""良心不安"之类的感觉，**想一想这些"因为不扔东西而造成的损失"，你的感觉就会好很多。**

此外，东西越多，人就越是容易陷入"必须要管理"的状态，就总会逼着自己去收拾。可是人一旦忙了起来，就怎么收拾都收拾不完，最后出现物品四处泛滥的状态。但如果东西很少的话，就算你再忙，再没有时间，那物品的泛滥也不会有多惊悚。说到底，如果能够认真地实施断舍离，只留下筛选后的真正符合自己喜好的东西，那么整理就会变成一件愉快的事儿，毕竟都是你自己喜欢的东西。那些东西带着和自己的波长相符，也就是和自己相合的能量，就像是自己的朋友。把废物全都清走，留下的都是自己喜欢的，这么说起来，这项工作和寻宝、挖掘宝藏倒是极为相似。

要把泥里的东西挖出来很麻烦，可是如果能从泥土里挖出宝藏呢，那就不会不想动了吧！

由囤积的食物反射出的工作压力

　　因为做老师，由美子经常要去学生家里做家访。她发现，几乎每个学生的家里都乱得让人下不去脚，当然她自己的家也一样。

　　由于太忙了，最近几年她几乎彻底放弃了收拾房间的工作。虽然书籍一类的纸质垃圾让人看得心烦意乱，但我们先试着从整理厨房开始，毕竟厨房是生命活动的根据地，是处理食物的地方。如果这里乱糟糟的，所有的社会活动和精神活动都无法走上正轨。冰箱里塞满了食物，多半是出于"不知道什么时候能去购物的不安"，一进超市就买回来大量的食物，然后一股脑地把它们堆进冰箱。她的冰箱的冷冻室里，甚至还放着好几年前买的冷冻食品。

　　为了让她客观地认识到自己家里食物泛滥的状况，我把冰箱第一格的食物都取出来摆在地板上，这可以视为一种冲击疗法。结果，由于这些东西的数量超出了自己的想象，由美子惊讶得说不出话来。我们翻出来的食物，大多数是三年前买的了。一问之下才发现，三年前正是她开始当班主任的时候，那时的她正处在责任的重压与评价的夹缝中拼死挣扎的阶段。对于由美子来说，她首先要做到的就是"断"，在冰箱里的还能吃的食物吃完之前，尽可能地不要再买新食物。做到这一点之后，她就能自然地进入断舍离的过程，开始通过物品进行自我改革了。

你舍不得扔掉的东西，是不是一年十二个月有十一个半月都派不上用场呢？

别人的东西都是垃圾吗

　　只要不是独居，那你住的地方就必然会有与同住的人共用的空间。这样一来，要怎么处理别人的东西也是个问题了。

　　说得直白一点，我们每个人都会对别人的东西有种厌恶之情。因为人类也是动物，只要不是独处，就会有争夺地盘的欲望。我们放置物品就和小狗在电线杆下撒尿一样，是一种宣布主权的行为。所以，如果在潜意识里无法认同对方的存在，就会觉得对方的东西就像是垃圾一样。

　　打个比方，如果妻子对丈夫说"这种垃圾你不要了吧"，丈夫就会觉得自己被否定了，就会觉得受伤。要是像这样毫不在意地扔掉丈夫的东西，那势必会引发一场战争。因此，如果你的心里已经有了想要扔掉别人东西的想法，请尽量克制，别随随便便就把别人的东西丢进垃圾桶。换位思考一下，如果是别人随便扔了你的东西，你一定会大发雷霆吧。

　　而且，还有一个不可思议的现象。如果你已经认识到"不需要通过物品来强调自己的存在"，那么那种"觉得别人的东西都是垃圾，看着就烦"的心情也就烟消云散了，就像是投射在镜子里的影子一样。反过来说，如果你对别人的东西比对自己的还在意，就说明你对自己太放松，对他人太严格。只要你想着"都是我丈夫把家里弄得这么乱的，我绝对不要收拾"，你就没办法收拾自己的东西。曾经有个学员很烦躁地对我说："为什么孩子们会把那么多东西扔在客厅啊！"结果开始断舍离后，她发现自己的东西比孩子的东西还要多。说到底，还是得先从自己做起，最好不要想着去控制别人。

那么到底该怎么做呢？

这里，有一个秘诀：**先不要去管别人，高高兴兴地收拾自己的东西。**

"断舍离怎么这么有意思啊""把这里收拾好了，心情一下子就畅快了"，就这样高高兴兴的，你的快乐也会传染给其他人。断舍离和以往的那些收拾不一样，收拾本身并不是目的，也不伴随什么义务。断舍离是一种通过物品来完成自我发现、自我肯定的手段，因此，它的过程是愉快的。

将周围人卷入断舍离的旋涡

最近一段时期，我发现有越来越多的学员已经把他们的家人也一同卷进断舍离的旋涡里了。大概在三四年以前，很多人还在为了"我丈夫实在太难说动了，所以很难对他……"烦恼不已，而现在，我的学员更多的是说"我就一言不发地进行断舍离了，结果我丈夫也兴冲冲地开始收拾东西了"之类的话。

会发生这种变化，其中一个原因恐怕是学员通过对断舍离的实践，改变了自己对事情的看法和态度吧。过去，"对乱糟糟、没有收拾的住所的不满"是强大的原动力，而现在会更多地面对自己更深层的内在世界了。自己态度的转变，也会带动周围人一起发生变化。与此同时，我也感觉到，在现在的日本，如果从整体上看，物品一味增加的状况终于已经达到了饱和状态，人们开始出现某种领悟了。

当然，这里面也存在着个体差异。不过，对于还不知道该如何与物品相处的各位丈夫、妻子、爸爸、妈妈、女儿、儿子们，我认为现在正是大家改变的好机会！

山动了：带仓库的老房子里发生的奇迹

　　纱耶香小姐的家是一个带仓库的老房子，房子里面非常大，仓库里也堆满了代代相传的大量物品。负责仓库的日常维护和管理的，是嫁进来的媳妇，也就是纱耶香的母亲。

　　不过，虽然维护管理的任务在身，可是纱耶香的母亲却没有扔东西的自由。长年以来，母亲都被强制着过这样的生活，直到老人们都过世了，扔东西、要如何处置东西的决定权才渐渐回到母亲的手中，可此时她已经完全忘记自己拥有这样的权利了，结果，那些经年累月积攒下来的物品就这么持续堆积着。

　　最开始来听我讲座的是纱耶香小姐，后来她说服了母亲，一起来听我的讲座。没过多久，在纱耶香眼里十分顽固的母亲竟然也开始扔东西了，而且她扔东西的方式非常惊人，是一边哭一边扔。她的眼泪中，蕴含的是放开物品的心酸、悲伤，以及更重要的——从物品当中解放出来的舒畅。纱耶香被深深地感动了，用"山动了"这样的话来形容当时的情景。由此可见，越是有历史的家庭，所背负的能量也就越大，可即便如此，还是会有变化的可能的。

从信息过多到知行合一

中国古代有一种相术，比如手相、面相、风水等，通过对外在形象的观察分析，观测出人的命运。这并不只限于占卜术一类的东西，中医的望诊（通过脸色、舌苔等外在表象判断人的体质及症状）也一样，通过看得见的世界中的信息，判断藏于表象里面的那个看不见的世界的状况。

断舍离中也有"相"这个概念。就像我在前面说过的，人的住所状态往往会反映出本人的一些问题。更多地了解看得见的世界，以让自己变得更好，这就是断舍离的宗旨。

"相"的世界与意识世界

有个词叫冰山一角，指的是你所能看到的只是冰山的一小部分，在你能看得见的世界之外，还有很大一部分是你看不见但确实存在的。我们常常用这个例子说明人的意识。

一般来说，在人的意识中，只有4%到15%属于外显意识。我假设在断舍离中，"看得见的世界"也占有这样的比例。虽然并没有经过科学证明，不过，我觉得通过日常生活，大家都能够自然而然地感受到这种"相"的概念，以及它与"看不见的世界"的关系。其实人类也是一样，一个人的精神状况完全可以通过表情、姿势等外在的表现看出来。不过，如果仅仅是读懂了，做出了判断，那么即便能够带来一些变化，也很难是很大的变化（仔细想来，占卜之类的东西，基本上也就能做到诊断而已）。可是，在断舍离当中，首先要了解房间的"相"，然后通过"舍"和"断"这样的行为，就能使房间环境发生巨大的变化。换句话说，**仅占4%到15%的"看得见的世界"的变动，会让"看不见的世界"一起发生变化**。

改变自己，改变他人，改变人际关系。要想改变用眼睛看不见的人的内在及关系，可不是轻而易举就能做到的。所以，不妨从眼前的环境开始着手改变吧。在改变环境的同时，你还会收获一种难以言喻的美妙感觉——一直堵在潜意识里的东西也一并被清理掉了。

比方说，你拧开了厨房的水龙头想要放水，或者是你想要冲马桶，可因为下水道堵住了，所以你恐怕很难安心放水吧？就算打开水龙头，也总会有担心和不安的感觉。如果把下水道修好，清理干净，知道"下水道变通畅了"的话，那么你就能放心地打开水龙头了。这也就是说，潜意识里同意接收新的信息了，如此一来，有用的信息才能"流"进大脑里。潜意识之所以不允许新的信息进入，是因为被堵住了。**就是因为意识被堵住了，所以人才不想敞开自己的心。如果真是这样的话，就通过消灭堵在家里的东西这一行动来进行练习吧。**看不见的世界的改变就是通过这样的机制完成的。滞留在房间里的东西是"良心不安与担忧"的象征，是毫无价值的东西，断舍离认为，在物理上清除这些东西，会对潜意识的改善起很大的作用。

勤做练习，做到知行合一

假设说已经了解了"相"，或者说也了解了其他的信息，但是在"知"和"行"之间还存在着天壤之别。

举个浅显的例子来说，虽然学了英语，可如果不真的去说去听，不去实地练习的话，就不能真正地掌握这门语言。可是，我觉得日本的英语教育却很少给人这样的机会。教是教了，却没有进行实地训练的时间和机会。也许，英语试题你可以轻松解答，但却没办法真正运用这门语言。

我认为，在自我提升的领域里，也存在着同样的现象。现如今，有很多关于自我提升的励志书籍，有些观点也颇有道理。但是，却极少有书能具体说明我们应该如何去练习自我提升，或是为自我提升提供练习的机会。断舍离有效，就在于你现在马上就可以从自己的居住环境开始行动，比如说可以从扔掉眼前的一个垃圾开始。所谓知行合一，就是要让认知与行为相一致。因此，从今以后也要清理那些多余的信息，只选择自己能够付诸行动的信息。希望你可以尽早从头脑的"便秘"中解脱出来。

 清理多余的信息，就能尽早从头脑的"便秘"中解脱出来。

"可惜"的两种含义

　　在本章的一开始，我就已经说过，所谓可惜这种感情，是让物品变成主导者，也就是并非"我要用"，而是"这东西还能用"，仅仅是因为还能用就没办法扔掉。不过，通常来讲，"可惜"其实是"珍惜物品"的代名词。在考虑某件东西要不要扔掉时拿出这句话，就等于是出于负罪感而不把东西扔掉的赦免令。不过，这种感情本身也并非错的。

　　实际上，"可惜"还有另一种含义，那就是爱惜物品的心情。在决定把某样东西带回家的时候，请务必认真感受这种心情。因为，如果这种心情是发自内心的，那就不会把东西搬回家之后就置之不理。如果你连它的存在都忘光了，那就根本谈不上什么爱惜了。"哎呀，竟然找出来这么个东西。"可要扔掉吧，又觉得"很可惜"。一旦用了"可惜"这个词，可就谈不上是对物品的爱惜了，而只不过是嫌扔掉它麻烦罢了，或者是对物品的执念。如果在接受物品时就意识到要爱惜物品的话，是绝对不会出现堆积如山的无法尽其用的物品的。

"可惜"这个词在日语里可以写作"勿体无"，"勿体"就是"物体"，这原本是佛教用语，是对"物体"的否定形式，指的是因为物体失去了原本的形态而感到惋惜或慨叹的心情。

　　最近，公共建设削减与划分问题正在掀起一股热议的风潮，而我认为，这些问题的根源大概就在于对"可惜"的两种截然不同的解释。

　　说到这儿，我想起2006年当选滋贺县知事的嘉田由纪子知事。她当时以"可惜"为口号，要求终止正在施工中的新干线新站的建设。当初在制定建设计划的时候，该车站的便利性、高额的建设费等方面就已经备受质疑，而这些质疑的声音，也对嘉田知事的当选起到了推动作用。而另一方面，建设推进派则主张，施工现在已经开始了，"如果就此停工的话，实在太过'可惜'"。也就是说，在同一件事上，形成了**两种"可惜"的对立**。推进派认为"已经建了一半了，所以要停止太可惜"，而知事方则认为"继续在可用性极低的车站建设上支出经费，这实在太可惜了"。到底该不该建设这么一座新车站呢？这简直与第37页的图上所画的出口（"舍"的闸门）与入口（"断"的闸门）的对立如出一辙。不过，最后多数民众还是把票投给了主张停工的嘉田知事。

　　后来，民主党接管政权，水坝建设计划冻结问题又突然间进入大家的视线。在这个备受瞩目的问题上，同样的情况再次发生。"都已经建了这么久了，现在要中止实在太'可惜'了。""不是，建根本就不需要的水坝才是'可惜'呢！"滋贺县总归还算是幸运，纳税人的血汗钱没有被多浪费，但有许多任谁都觉得荒唐的政策和建设都堂而皇之地通过了，这在媒体报道中已经屡见不鲜了。

不过，一旦把这个问题重新放到个人水平上，我们就会意外地发现，自己也面临过或正面临着同样的问题却根本熟视无睹。如果不能理解"可惜"的真正含义，势必也会出现同样的对立。你会选择哪种意义上的"可惜"呢？我甚至觉得，根据判断的不同，我们的人生也会发生巨大的改变。而且，我觉得这种想法非常重要，既然觉得"可惜"，就不该仅仅是把它拿回来收着，而是要去分享。正是因为觉得"可惜"，才不能为了未来的某一天"可能会用到"而将其无限期地保管起来，而是要把它送到此时此刻最为需要的地方去。**从宏观的角度看待"可惜"，让它成为物品循环的原动力**，这也是断舍离的重要技巧。

希望你不要认为"可惜"是不用扔东西的赦免令，而是对物品的爱惜之情。

活着就是不断选择的过程

断舍离衍生出了很多副产品，"选择力"就是其中之一。断舍离其实就是一个不断地选择，选择，再选择的过程，而选择所依据的标尺会根据阶段的不同而有所差异。不过，标尺应该尽可能地简单，因此，分类也应该是进行最小限度的分类。

阻碍我们行动的一个很重要的原因就是选项太多以至于无从选择，也就是"回避决定原则"。要想从二三十种东西里做出选择，光是了解情况恐怕就已经让人应接不暇了。我是个极怕麻烦的人，所以只要一看见居酒屋菜单上数量庞大的菜品，就开始头晕。不过，要是把菜品缩减到"松、竹、梅"或者"A、B、C"三个种类，我想我就能轻松做出选择了。

说句题外话。据说，如果经常把一大堆东西一股脑塞给孩子，那他们就有可能成长为没有自主性、选择能力低下的人。想想看，你身边有没有那种口头禅是"无所谓"的人呢？那就是从小被给予得太多，没能学会思考自己到底需要什么。

"最多能选三个""从三个当中选吧""分成三种"，如果能这么做，就更容易理解，也更容易付诸行动。所以，或许大家已经注意到了，断舍离里经常会出现把东西或状况分成三类的情况，不管是"扔不掉东西的人"，还是"破烂儿"，还是"扫除"，都被我分成了三类（还有其他，特别是关于实践方法的内容，我会在第四章详细介绍）。这样一来，不仅更容易整理，也会让人更有干劲。而且，在选择力得到锻炼的同时，在工作和生活的其他方面，"我自己想要做什么"的自主性也会大大提高。

给还是觉得"扔不掉""没法送人"的你

"因为这是重要的人送我的""因为我就是那种扔不掉东西的人""要是知道我把它扔了或是给了人，××会难过的吧""己所不欲，勿施于人""我才不是那么无情无义的人呢"……

像这样非把不需要的东西留在身边不可，真的会是物品所希望的吗？因为物品没有生命，所以你或许不会以为物品也有自己的意志，那我就稍微变换一下提问的角度。把无法发挥原本作用的物品放在一边置之不理，或是随意对待自己根本不喜欢的东西，再或者，明明根本不在意那个东西，却因为某些感情而留着它，你喜欢这样的自己吗？

想必大多数人不会喜欢这样的自己吧？因为要是把自己换到物品的位置上，被人这么对待的话，你一定会讨厌那个如此对待你的人。所以，只不过刚好是物品没有它们自己的意志和感情，而你有罢了。说到底，物品是一面映照你自己的镜子，它所照出来的是那个你想当作不存在、不愿意承认的自己。正是因为要直面这样的自己，所以面对物品，从繁杂冗余的物品中解脱出来才需要足够大的勇气，而且过程有可能会很痛苦。不过，一旦明白了这件事"不过如此"，也就没那么难了。"闹了半天，问题全都出在自己身上啊！"既然如此，那就果断付诸行动改变自己吧，除此之外也再无他法。对人类来说，半死不活地吊在那儿是最让人痛苦的。如果觉得讨厌的话，如果不相合的话，如果进行得不顺利的话，倒不如干脆来一个痛快的了结，光靠想是没有任何意义的。说到底，行动才是一切。

要记住，能够让"总有一天""迟早"变成现实的没有别人，只有你自己。

 物品是一面能映照出真实的自己的镜子，直面物品，就是直面真实的自己。

　　我所居住的石川县小松市，在市中心大约集中着1100家老铺房屋。与同样位于石川县，以老铺房屋繁多而著称的金泽市相比，小松市的老铺房屋密集度更高，市中心地带的40%是这种小松老屋。小松老屋基本都是昭和①初期建造的，建筑样式统一，房龄基本上都超过了70年。不过，也许是因为以前的商家并没有保持街区美观的意识，大家就像对待普通的商店和大楼似的按照日本店铺常用的典型建筑样式重新装修了店铺的外观，内部装修也是一样，在原本很珍贵的土墙上贴上三合板，再在上面贴壁纸，就这么毫无知觉地改造了老铺房屋原有的机能和美观性。

　　"小松老铺房屋推广计划"就是要重新审视这种情况，我作为杂物管理咨询师也参加了，而我也曾经有过一个人收拾了一栋建筑时间将近80年的小松老屋的经验。

　　我当时收拾的那栋老屋，在最后一任主人亡故之后，空了7年。这栋房子里物品数量庞大，房间全都被东西埋起来了，老铺房屋的特点——兼具设计感和实用性的通风天井设计及漂亮的梁柱都被破坏得体无完肤，整个房子成了一座大仓库。更不可思议的是，房子里竟然还塞满了成堆的被子，严重影响光照和通风，

①昭和是昭和天皇在位期间所使用的年号，时间为1926—1989年。——译者注

简直令人窒息。住在这栋房子里的一个人患了神经方面的疾病去世了，仿佛要随着他一起去了似的，他的父母也因为癌症和心脏病相继离世……堆积如山的古旧棉被换来的是身心的损害，我为此感到气愤不已。

像这种任谁都会觉得不舒服，根本不想踏进去，即便是进去了也待不了三分钟的房子，我只能一个人收拾。我根本问都不问"需不需要"，只是一再重复着把垃圾分类再扔掉的过程。等到我几乎把所有东西都清理干净了以后，光线和新鲜的空气进来了，人们也乐意进来了，老铺房屋所特有的韵味也因此死而复生了。在这之后，愿意帮忙擦拭、打扫的人陆续出现了，甚至还有人偷偷跑来参观。那个时候我就强烈地感受到：扫除就是净化！此外，这件事也让我重新发现了自己身上的那股韧劲。我觉得，如同温故知新这个成语所说的一般，能够让越来越多的老房子重获新生，也正是"可惜"运动的正面意义。

第四章
Chapter 04

身体开始行动
——断舍离的实践方法

激发收拾动机的方法

前面我已经详细为大家说明了断舍离的机制，接下来我要告诉大家具体的实践方法了。其实，如果从某种意义上说的话，所谓的实践方法完全可以认为是一些附赠品，因为彻底地筛选物品才是断舍离的核心，所以也不是非得需要多少技巧。

在这里，我要特别强调的是，**减少物品＝只要能彻底地收拾，就根本不需要整理、收纳了**。在做讲座的时候，我甚至还半开玩笑地说过"先把收纳东西的家具都扔了吧"这样的话。因为如果能真的只留下必要的物品，那么分类、收纳物品之类的技巧也就没什么大的用处了。而且，所有的收纳工具和收纳物品都是为了往里面塞满东西而存在的，所以只要有那些东西在，就等于是纵容自己无休止地增加东西。断舍离首先就非常质疑这一点。

不过话虽如此，但不管是扔东西还是要整理、收纳，都有一些了解了绝不会吃亏的技巧。这些说到底，**还是为了能够减少物品**。虽然前面已经讲过了断舍离的机制，可一旦到了要实践的时候，还是得有更容易理解的目标。不过，最关键的是要下狠心，而且还需要勇气和觉悟。

只集中于一点，把它搞完美，以此激发动机

在头脑里进行整理时，首先要考虑的是自己与物品的关系，然后就是当下这一时间轴。在接下来的实践中，最有效的方法就是**聚焦于某一个场所。而要选择场所，就得意识到时间。**我今天能把多少时间花在断舍离上呢？是半天、1小时，还是15分钟呢？从能用多少时间出发，找出今天想要进行断舍离的场所，这样的话效率更高，而且人也更愿意付出努力。换句话说，要选择的这个场所，**即便只是一个抽屉也是可以的，甚至说得更夸张一点，即使只是一个塞满了购物小票的钱包也无所谓。**

大家都有一种感觉，就是要收拾房间，必须得留出大块的时间来才行，但断舍离的观点恰恰与之相反。根据此时此刻能挤出来的时间多少来计算场所，因此，就算再忙也可以从今天就开始断舍离。不过在这里很重要的一点是，一定要选择在能挤出来的这段时间之内可以收拾完的场所。要是拖拖拉拉做到一半就放弃，等着下礼拜再继续，那既无法获得成就感，而且视线所及的地方也不能让人有满足感。如果是这样半途而废的话，就等于是把沉淀下去的淤泥和上层的清水再次搅浑，反而会适得其反，把环境搞得更加乱七八糟。所以说，越是那些东西堆得过分、实在

提不起劲收拾的人，只要能彻底地收拾好一个场所——不管那是多小的地方——就越是能自然而然地激发动机。

断舍离认为，堆满东西的房间，在无意识水平上，就好像是在大海里溺水的状态一样。所以，**我们要找到那个和陆地相联系的地方，不管那个地方有多小**。要想把淹没状态中的房子全都抢救出来或许会很难，不过，如果只是集中突破其中的某一部分，情况就会好很多。假设说收拾好了一个抽屉，只要一打开那个抽屉，人就能自觉露出满足的笑容，得到活力，因为这里的"相"已经很整齐了。如果能以这一小块整齐的地方为突破口，得到激励，更愿意努力行动起来，那简直就太完美了。这就是激发动机的技巧。

根据目的选择不同的场所

考虑一下"我想通过断舍离得到什么"，恰当选择进行断舍离的最初场所，干劲就会随之增加。而一旦这个场所得到了第一次突破，断舍离的速度就会明显加快。

重视健康及安全

从生存的基本场所做起。吃饭、睡觉、排泄的场所，比如厨房、卧室、厕所、浴室、洗脸台等。

希望能作用于心理深层

着手于看不见的场所、不想看见的场所、不想让别人看见的场所等，即便打扫干净了也不会有任何人发现，但是自己知道并且总是在意的场所，比如仓库、不怎么打开的收纳箱以及其他自己很在意的场所。

重视运气

要想让家庭整体运气上升的话，就选玄关；要是希望能先提升自己的运气的话，就选卧室；等等。

让人能强烈感受到意识发生改变的，就是那些能作用于心理深层的场所。明明是只要想做就随时都能收拾的场所，可不知道为什么却一直放着不弄；别人虽然发现不了，但自己暗地里却在意得不得了。多年以来一直卡着，开合不顺畅，但却不知道为什么就那么用着的抽屉就属于这一类，因为心里总是想着"唉，算了吧"，就置之不理了。因为这只是件小事，所以平日里可能也不太能意识到特别不方便，可实际上自己却很在意，总想着"迟早有一天"，就一而再，再而三地推后，结果能量就在不断地推后中慢慢流失了。当你觉得"我想稍微改变一下自己，我想要变得更有精神"的时候，如果能把重点放在这些场所上，就能体会到"不知道为什么，有一种与以往不同的清爽感"，因为这些场所就是让你逃离罪恶感的通道。或者再打个比方，房间里的荧光灯早就坏了却一直置之不理，可自己却一直非常在意，终于有一天换了新的灯管，房间一下子就变亮了，心情也会跟着一下子变舒畅了。

另外，就技巧方面来说，不擅长整理、收纳的人，也不擅长分类思考。所以对于这样的人来说，从不需要分类的场所入手，也就是说，从不管怎么看都只能放食物的冰箱、不管怎么说都只能放鞋子的鞋柜入手，兴许就不会感到太大压力了。不过话虽如此，其实也有不少人在只能放食物、放鞋子的地方混放了完全不同类的东西进去。正因为如此，这种场所用来做"吃，不吃""好吃，不好吃"等以自我来做主语的取舍选择和分类的训练，就是再合适不过的了。如果冰箱里只放"我自己想吃并且觉得似乎很好吃的食物"的话，那哪些应该拿出来扔掉，你自己也能一目了然了。

通过有多少时间而选择出来的场所，再加上自己的目的，就能得出这样的推导："重视健康及安全"→"有一小时的时间"→"不擅长分类"＝冰箱的最上一层。这样，你就能时时发现最适合实施断舍离的地点了吧。

只集中于一点做到完美，就能不知不觉地打开收拾的突破口。

一切从扔东西开始

我在前面已经反反复复，几乎用尽一切字眼来形容扔东西（舍）的重要性了，断舍离的过程就是"减少、分类、收纳"，那么首先要做的就是彻底地"减少"。我们原本就很讨厌扔东西，储备物品是人类的本能。为了未来可能会出现的危机而提早做足一切准备的想法总是不断浮现在我们的头脑里。不过，如今这个时代，我们所储备的东西早就远远超过必需量了，物品数量已经达到饱和，而且还存在极端的不平衡。**从人类漫长的历史来看，现在的物品量早就异乎寻常了。**原本每个人所需要的必要物资的量并没有太大的个体差别，但几乎所有的日本人都跳进物质的海洋里，可自己却根本没意识到自己已经溺水了。不过，虽说毫无意识，但我们依然会在不知不觉中为其所累。

从"怎么看都是垃圾"的东西开始下手

在大体决定了"要从哪开始扔"之后，接下来就要考虑"要从什么开始扔"。

一提到"从什么开始",大概最先跃入脑海的,就是自己最不想扔的东西。喜欢书的人就会想到书,是这样吧?是留下来呢,卖掉呢,还是扔了呢?这样的取舍选择是非常花时间的。衣服、餐具之类的也是一样,**自己很在意的东西就留到以后再说,那些怎么看都是垃圾的东西肯定堆成山了**,所以可以先扔那些。扔那些东西的时候,完全不需要给它们分类,最开始的标准一定要简单。总而言之,就只需要问这东西还要不要就行了。

按照这样的标准执行下来,等到你再次回头看那些已经收拾过的地方时,会发现虽然当初自己还有所犹豫,但现在已经觉得"把这个扔了也不错"。这也就是说,阻止你扔东西的障碍已经没那么大了。此时,断舍离的速度已经在不知不觉地加快了,你可以着手处理更大的空间了。此时可以在"需要,不需要"这个标准之上,再加上"舒服,不舒服"这个标准,可以从感性的角度进行取舍了。这就是判断破烂儿的IQ向上提升的状态。而且,大多数人会在事后发觉:"会让我犹豫的东西,果然还是不需要。"犹豫其实是感性接受考验的证据。如此想来,这个过程虽然很痛苦,但也很有必要。就这样,一步一步地,就能慢慢学会扔东西了。

垃圾分类这道坎儿

说"阻碍"其实有点夸大其词，其实给垃圾分类这件事也并没有那么难。与给垃圾分类比，战胜可惜一类的执念反倒更难一点。所以，只要稍微掌握一点小窍门，就能轻松跨越给垃圾分类这道坎儿了。

在日本，垃圾袋分类标准是由地方自治体确定的，不同地区的分类标准也不尽相同。比方说，爱知县碧南市把垃圾分成26种，而德岛县上胜町则把垃圾分成34种，这真是让人头疼。不过，虽然看起来这么繁杂琐碎，但似乎很多人都认为，只要能成功地做到一次，就会让人大呼过瘾。

虽说垃圾可以分为二三十种，但家里是绝对不可能放这么多垃圾桶的。如此说来，做垃圾分类也需要一定的技巧了。上一章里我说过，要锻炼选择力，可以先试着把东西归成三类。在这里，同样也可以从分成三类开始。

垃圾的三大类

给垃圾分类，出现频率最高的应该是"一般垃圾"，其次是"可回收垃圾"和"不可回收垃圾"。大型垃圾属于"不可回收垃圾"，但我们一般不会把它们和其他垃圾放在一起扔，而是单独处理，所以就当作例外，单独考虑。

一般垃圾

每周要处理2—3次，是处理频率最高的垃圾，其中包括厨房垃圾、无法作为资源回收的废纸等。这些垃圾基本上都属于"可燃垃圾"。

可回收垃圾

可以回收处理的垃圾，包括易拉罐、瓶子、印有塑料可回收标志的塑料容器和包装、废纸等。

不可回收垃圾

既非一般垃圾，也非可回收垃圾的那部分，如碎了的玻璃制品、真空喷雾瓶等，基本上都属于"不可燃垃圾"。

说句题外话，经常有人会把塑料制品的垃圾和印有塑料可回收标志的垃圾搞混，其实根据日本的包装容器回收法，只有在容器和包装上才可能印有塑料可回收标志，而其他的塑料制品到底该归入一般垃圾（可燃）还是不可回收垃圾（不可燃），那就要看实际所处的地方自治体的垃圾处理能力了。

总而言之，可以先按照这三个类别给垃圾分类。更具体、更细致的分类，就等到丢垃圾的日子之前，或是等到丢垃圾的当天一早再做就好了。这样一来，剩下的日子就轻松多了①。如果从一

① 在日本，并非随时都可以扔垃圾。根据各个地方自治体的具体规定，可燃垃圾、不可燃垃圾等分别在规定的日子才可以扔出。例如为数最多的可燃垃圾，通常每周有固定的两天可以放在指定地点，由自治体统一回收。——译者注

开始就细致地给垃圾分类，那就跟查字典似的，要对着垃圾分类表扔垃圾，实在是太耗费能量了。一开始先粗略地把垃圾分成三类，你就会发现，原本很烦人的垃圾分类，也变得容易多了呢！

扔的时候要说"对不起"和"谢谢"

每个人都一定有一些别人送给自己的、很难丢掉的东西。如果别人送的恰恰是自己喜欢的，那就再好不过了，不过这种情况也未必经常发生。话虽如此，但如果真的打算处理那些东西的话，对方的脸却又会无法避免地浮现在自己的脑海里。

好比是信件。你写给别人的信，大概有好多连你自己都不记得写过什么了吧。要是好多年前写过的信，想必就更是如此了。可收到信的人却一直保留着它，甚至还时不时拿出来读一读。不止信件如此，**很多时候，送给别人的东西自己早就忘得一干二净了**，毕竟这些东西都不在你自己的手里。

既然都不记得了，那就赶紧把它扔了吧，可事情却又往往没那么简单。不过，如果送你东西的人知道你"明明想扔却又扔不掉，只是因此烦恼得不得了"的话，恐怕也会非常伤心吧。他大概会后悔把这样东西送给你，也会觉得很对不住因为没办法把东西扔掉而闷闷不乐的你。要是这样的话，还不如干脆早一点扔的好。因此，断舍离认为，**在扔东西的时候，要把"对不起""谢**

谢"这样的情绪表达出来。跟那些被你扔掉的东西说说话，做个告别，可以让人更快地整理心情。

　　不光是别人送的东西，那些长年以来一直非常爱惜地使用着的东西，打算把它们扔掉的时候，也要说上一句"谢谢"；而对那些还没完全用到头的东西，就要说句"对不起"。要大声地说出来，光在心里叨念可不行。

　　关于送东西，收东西，还有之后对这些东西的处理方式，人们并没有达成统一的认识，也不存在指南一类的。我想，多数人混混沌沌地想不明白这些，那些东西也是从来都没派上过用场，只是搁在那里罢了。这种时候，要试着带着抱歉和感谢的心情把这些东西及时处理掉，这样，心情多少能变得好一些。

　　所以我想，如果能更深入地思考一下送东西和收东西这种事，就不会随随便便送礼物给别人了。从某种意义上说，这也是"断"的一种。

把东西送给别人时，要说"请收下"

　　不想扔掉某样东西，可自己又确确实实用不着。不过，似乎有人能用得着它，当你凝神望着这样东西的时候，眼前情不自禁地浮现出某个人的脸，甚至还有可能会呆呆地脱口而出："啊，就是他！"

断舍离并不是要大家不分青红皂白把东西乱扔一气，而是要有效地利用资源回收。要知道，断舍离最终的目标是"必要的时间、必要的地点、必要的限度"，所以对那些你用不上、别人能用得上的东西，不妨就把它们转送给能好好用它们的朋友，或是送去二手店。

不过，把东西送给朋友的时候要注意，不要用"给你"这个词，因为"给你"是高高在上地俯视别人，甚至听起来像是在盛气凌人地说："我不要了，你想要这个吧？"应该要这么说：**"这东西在我这里没办法物尽其用，但是我觉得你会爱惜地使用它的，所以能不能请你收下它呢？"** 如此一来，对方也会高高兴兴地接受的。因为除去古董和收藏品这种特殊的物件，很少有人会觉得"用旧了的东西很好"。可是如果别人对自己说"我觉得如果是你的话，一定能爱惜它的，你能不能收下呢"，你就能感受到对方是理解自己、为自己着想的。也就是说，送东西的人并不是以他自己为中心，说"我不要了，给你"，而是以对方为中心进考虑的。但是，在把东西送人的时候，千万别忘了再加上这么一句："如果你不需要了的话，请别想太多，就把它扔掉或是再送人吧。"要注意避免给对方造成负担。不过，介于垃圾和破烂儿之间的东西以及充满回忆的东西，还是不要送给别人的好。"这是我父母的遗物……"就算你这么说，可别人要是跟你父母不认识的话，也根本不会想要的。我想，这应该是最基本的礼仪。

　　断舍离的高手都非常擅长资源回收。如果能彻底地实施断舍离，也就很少会拿不准某种东西到底是垃圾还是可以回收的。而且，万一又看上了新的东西，想把之前用的东西转手送人，因为之前的那些东西原本也是经过精挑细选的好东西，所以对方也应该会高兴地收下再用吧？虽然日本人比较有洁癖，但是把非常棒的东西送给会珍惜使用的人，让物品得以循环利用，这就几乎不存在干净不干净的问题了。而且，在当今世界上，还有那么多物资匮乏的地区。希望在不久的将来，资源回收系统能够比现在更先进，让物品循环到需要它们的地方去，这也是断舍离的目标之一。

把自己用不着的东西送给有需要的人时，要说"请收下"，不能说"给你"。

123

■选择场所和收拾的过程

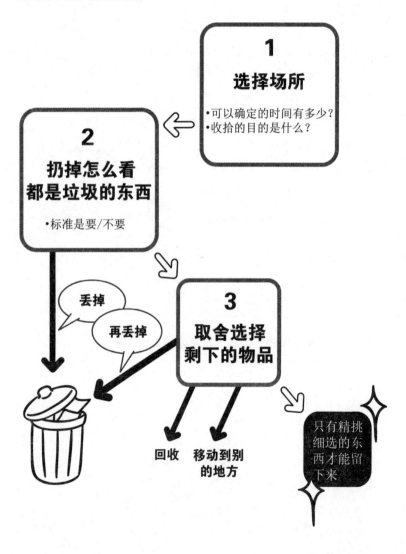

将大、中、小三分法用到整理收纳上

接下来，让我们一起进入整理和收纳的环节吧。在整理和收纳上，最重要的仍然是三分法。不断地进行三分法，就能把东西整理得井然有序。

在进行三分法之前，首先必须要学会用俯瞰的方法审视所有物品。什么是俯瞰呢？打个比方说，去酒店里参加冷餐会，我会先粗略地看一圈，看看都有哪些吃的，然后就能发现大概有前菜、主菜和甜品。再怎么说，我也不会一进去就端起盘子从离自己最近的吃的开始毫无节制地从头吃到尾，我会考虑自己能吃多少，考虑盘子的大小，再仔细斟酌从这三大类中选哪些吃。整理和收纳也是一样，比起不管不顾地从手边开始收拾，运用"俯瞰→分成三类"的方式可以更有效率一些。

厨房里的三分法

拿厨房来举例。粗略地环视一圈，就可以把厨房里的东西大体分成食材、烹调器具和餐具三大类。厨房是做饭的地方，不应该有其他无关的东西，而所有相关物品则应该按照功能出现在它们应该出现的地方。如果你以为自己已经做好分类了，可是打开柜子时，却发现放烹饪物品的地方还放着调味料，这或许就说明你对分类还没有一个明确清晰的概念。原则上，这三种大分类不能混淆，不同种类的东西不能混在一起。有的时候，我会发现有的人家里的碗柜里还放着早就忘到脑后的已经风干了的食品，就这么和餐具混在一块，类似这种情况一定要避免。

然后，我们来进行食材的中等分类。有关食材的分类，每个家庭都有自己的一套标准。拿我自己家来说，包括调味料在内的所有食材全都放在冰箱里统一管理，因此不仅限于生鲜食品，所有食品都会纳入这个分类当中。我家的冰箱分为上中下三层，上层专门放普通的冷藏食品，以及干燥食品和调味料；中层是蔬菜保鲜格，我把蔬菜大致分成绿叶菜和根茎类；最下一层是冷冻室，我家基本没什么冷冻食品，之前还放了两盒冰激凌，不过已经吃光了，所以现在是空的。

接下来是烹饪器具的中等分类。我们可以先粗略分成**水槽周边器具、炉子周边器具和电器**。水槽周边器具包括盆、沥水盆、菜刀、案板等；炉子周边器具包括平底锅、锅、铲子、炒勺等；电器则包括食物处理器、电子秤、搅拌机等。不过具体的分类方法你可以自行决定。比方说，捣蒜钵算在哪类呢，因为多半在准备食材的时候用，所以放在水槽周边吗？锅盖一般都在炉子周围用，所以就划归为那一类？像这样，根据自己家的具体情况，按照自己的生活方式制定出一个明确的标准，这也算是进行脑力劳动了。

为什么分成三类刚刚好

如此一来，我们暂时就做好分类了。就像给垃圾分类一样，最关键的是**不要一下子就进行细致的分类**。

收纳工具的特点是有好多的抽屉和隔断，这往往要求我们最好是一下子就把物品细致地分类放好，所以难免会引起混乱。而如果只分三类，我们就能毫不犹豫地行动了；分成两类的话略有不够；要是分四类的话又可能会记不住，把行动搞乱，最后令自己疲惫不堪。所以，先大致地分成三类，然后再细分成三类，以此类推，渐渐越分越细。这样做的话，分类工作就能顺顺利利地进行下去了。

拿住址做例子可能更容易理解一些。如果别人一上来就说自己住在麻布①多少号，也只会把我们搞晕，如果不按照日本国、东京都、港区这样的顺序一步步缩小范围的话，只能让人糊里糊涂的。

---

①麻布为东京地名，位于东京都港区。——译者注

■厨房三分法的示例

大分类	中分类	小分类		
餐具	盘子	大盘子	小盘子	其他
	容器	陶器	漆器	其他
	杯子	玻璃杯	日式茶杯	西式杯
烹饪器具	电器	加热用	烹饪准备用	其他
	水槽周边	盆	沥水盆	菜刀
	炉子周边	锅	平底锅	工具
食材	冷冻室	已烹饪过	未烹饪	冰激凌
	蔬菜保鲜格	根茎类	绿叶菜	葱姜蒜
	冷藏室	饮料	食品	调味料

开会也是一样。要是大家都左一句右一句地针对不同问题展开讨论，那会议肯定会乱成一团，怎么开都开不完。如果不好好想办法把话题引回到本次讨论的中心问题上，就算讨论得再认真也得不出结论，所以主持会议的人就必须要具备给议题分类和规划的能力。从这个角度来说的话，在收纳和整理时练习分类，也能同时提高工作技巧和效率，可谓一举两得。

不断地重复三分法，可以避免整理物品时所造成的混乱。

🗑 利用七、五、一的总量限制原则，打造充裕的空间

很多新建的住宅里设计了充裕的收纳空间，而且这些收纳空间还分成很多种类，其中一大半是壁橱、衣柜、抽屉等看不见的收纳空间。这些看不见的收纳空间的最大优势就是，不管里面放了什么、不管里面变成什么样，从外面都看不见，所以就算里面塞得乱七八糟的，别人也不会发现，就连自己平时也看不见。所谓眼不见为净，有些人会把这种收纳空间塞到百分之百的程度，甚至会塞到百分之一百二十的程度。一旦到了这种地步，就怎么都打不开了，好不容易打开它的一瞬间，很可能会发生"天崩地裂"的情况。

限制空间里的物品数量

在断舍离里，看不见的收纳空间只能放七成满（请参照彩图）。之所以要留出三成空间，是因为这会让人有把它收拾整齐

的欲望和心情，而空出来的那三成空间就能成为物品出入的通道。这也算是一种环境影响论，留出了出入通道，人们就会想要把它们收拾整齐。

打个比方说，我们可以把一个抽屉看成是四周被墙壁围起来的停车场。如果这个停车场空的地方都停着车，那么要是有车想开出来的话，恐怕所有的车都要移动。为了让车辆能顺畅地出入，必须要留出行车通道才行。但是，收纳术的理念是，如果有九辆车，那就要增设可以停下这九辆车的场所，这显然费钱又费力。

而在断舍离里，我们首先要做的，则是重新审视自己的生活方式。"到底我需要九辆车吗？"这么自问一下，也许你就会发现，如果住在城市里，只需要一辆车就足够了。如果住在乡下，可能需要两辆，无论如何也不会超过三辆。所谓收纳术，基本上来说就是加法解决法，是把不断增加再增加的东西都打包收起来，物品越来越多，收纳空间也就跟着越来越多，需要不停地增设新的收纳空间，然后物品继续增多，如此连锁循环。但以断舍离的观点看，**花时间收纳不需要的东西，是不可能从根本上解决问题的。**

解决完看不见的收纳空间，接下来就是碗柜、餐具架之类看得见的收纳空间了。这些空间从美观上来说，放东西的限量是五成（请参照彩图）。只放五成，这其实是很少的，因为东西太多的话实在影响美观。超级便宜的量贩店里，商品都是见缝插针似的一样挨着一样挤在一起放着的；可在高级精品店里，货架上只会零零散散地放着少量的东西，这样才显得很漂亮，显得很有品位。哪怕同样是GUCCI的包，放在前一种地方和后一种地方，给人的感觉也是截然不同的。

虽然同样属于看得见的收纳，但书架和CD架上要装的东西的量会在很大程度上被职业和兴趣所左右，因此并不一定按照这种限制整理。不过我觉得，如果真的筛选到只剩下自己真正需要的东西的话，也是可以空出大概五成的空间的。

再接下来就是一些装饰性的**给别人看的收纳空间**了，这种收纳空间只能放一成东西，也就是说要最低限度地放东西。比如我们去美术馆看画展，那些醒目地印在画展宣传单上的极具代表性的名画多半是单独挂在一面很宽的墙上，其他一些画作则会多张排列在同一面墙上。这样一来，主次程度就一目了然了。同样，居住空间里也能运用这种技巧，即便是日常生活中的杂物，只要运用这种空间魔法，也能变成非常漂亮的装饰品。反过来，就算是再漂亮的画，要是贴了满满一墙，也会显得杂乱、平庸。减少物品的数量，这样不管是多狭小的旧房子，都能自然而然地营造出高品位的感觉。

限制了物品的数量之后，"扫、擦、刷"的工作也就变得**轻松和快乐了**，甚至就连平时最讨厌的洗碗，也能干得很快乐。

要洗的东西减少了，而且洗的都是自己非常喜欢的餐具，这必然会让你心情舒畅吧？越是不擅长打扫或洗涤等家务的人，在彻底地筛选了物品之后，越是能强烈地感到轻松舒畅。除此之外，刷洗工作也能让人非常快乐，想想看，把水槽和地板刷洗得一尘不染，甚至能反光照见自己的样子，这是何等畅快！从这些工作中获得的快乐，能毫无限制地直抵你的内心，让你获得愉悦舒畅的好心情。

伴随总量限制原则的替换原则

当你还生活在物品如洪水般泛滥的环境中时，你可能会觉得"真的只能放七、五、一成吗"，可当物品减少之后，你的**想法会变成"真的只需要放七、五、一成就好"**，在这种限制当中选择自己喜欢的东西，这本身也很有趣。如果在看得见的收纳空间里放了十样东西，就得做出选择，想想，到底要选其中的哪五样呢？这么一来，就相当于"选出最喜欢的前五名"，心情就会变得雀跃起来。

重复进行彻底的七、五、一成收纳之后，你就会切实地感受到自己的品位自然而然地提高了。因为只留下经过精挑细选的物品，所以这也是理所当然的。不过要注意的是，这种提升是建立在"总量限制原则"的基础上的。假设说根据总量限制原则，你只能留下五件特别喜欢的东西，那么你首先就得实施"断"，只允许自己真正喜欢的东西进到家里。如果你入手了新欢，就得放弃之前排名在最后的东西，就像这样不断地循环。如此循环往复，自然就只剩下排名靠前的东西了，而且自己断舍离的层次也会随之提高。这样做下去，你的目标就会越来越清晰，不会再搞不清重点。这样一来，也就能够培养出"**永远都只用最好的五件东西的最棒的我**"了。

通过限制物品总量，更加严格地筛选出自己喜欢的物品，你的品味自然而然地也就提升了。

打造物品外观形态的两大原则

减少了物品，将物品按大、中、小分了类，总量限制的概念也牢牢记在脑子里了，接下来要进入的阶段，就是要怎么整理物品，即把物品放在哪里，才能方便取出。

这里希望大家注意的，就是尽可能不让自己感觉到压力。因为即便是一点点的压力，都会让人觉得好麻烦，以致放弃取出物品和收回物品。

此外，物品的外观也非常重要。比方说，我们在叠布制品的时候，会把叠得整整齐齐的那一面放在外侧摆起来。其实像这种事，根本不用特意去想，大多数人在不知不觉间就这么做了。这么做的话，人们会觉得要拿出来的时候似乎也会更方便。那么在收纳的这个阶段，就得有意识地一一去执行这些任务，甚至要在房间的每个角落都贯穿这种意识。这样，就能打造出自在的空间了。

只需一个动作原则

无论是取出物品还是收回物品，我们都希望能够尽可能快地完成。如果需要打开柜门、从里面取出箱子、打开盖子这样三个动作，人就会觉得好麻烦。收拾的时候，也难免觉得麻烦，所以最后干脆就随手把东西放在旁边的台子上了。换句话说，我们追求的是**靠一个动作就能完成**。拿出物品所需要的动作，充其量只**有打开柜门、取出物品这两个动作**，这样人才不会觉得麻烦。花点心思去掉多余的动作，人就不会产生不必要的压力，也不会以"好麻烦"为借口了。动脑子想出一点高招来，这会让人觉得很有意思。

我基本上会把容器的盖子拿掉。如果里面有独立包装的话，就更不需要盖子了（请参考彩图）。像图中这种咖啡的奶杯，我会把袋口往外折一折，就这么敞着口放进冰箱。这样，我只要一打开冰箱，就能立刻拿出奶杯来。

有人会给这样的包装袋套上橡皮筋，可不管是套上橡皮筋还是解开橡皮筋，都得费点工夫。而且，这些东西真的需要密封吗？我对此持怀疑态度。如果真的需要封口的话，我也不用橡皮筋，而是用咬合力强的夹子夹起来，这样，只需要一个动作就能开或合了。

自立、自由、自在法则

总而言之，要有意识地让收纳工具里的东西在任何时候都能"立起来"，也就是**让物品能"自立"**。我们家订了规矩，厨房的毛巾要竖着放在四方形的浅托盘里，最多只能放十条，这样，对放进去的毛巾数量可以进行总量限制，而且因为是竖着放的，不用从下面抽取，所以也不会弄乱，使其塌下来。如果是收在抽屉的东西，很可能会搞不清楚抽屉底下到底放了什么，而且要从抽屉的深处拿东西出来也很花时间。可按照我家的这种做法，想拿什么东西出来，立刻就能拿出来，这可是非常轻松的哟。

这里所说的自由，是指选择的自由。也就是说，物品的摆放方式是不是便于选择。便利店里的饮料都是同一种类排一长列放着的，这样，种类和数量就能一目了然。家里的餐具如果也按照同样的原则排列在餐具架上的话，就能实现有效的收纳，比如按照圆玻璃杯、四方形玻璃杯、陶瓷杯等不同种类把杯子做排列。我常常看到有的人家里，各个种类的东西都混在一起放，结果，因为里面的东西不好拿，最后就只能拿放在外面的东西用。

那么，那些立不起来、不能竖着放的东西该怎么办呢？这些就要**卷起来，自在地放**。所谓自在，是指听话。内裤有卷起来不会散开的叠法，我们可以把它们卷起来放在小篮子里。除了内裤，T恤也同样可以卷起来。因为T恤卷起来是筒状的，所以也完全可以立起来收纳。最重要的是要花点工夫，尽可能不要让它们散开。

其实，我想说的是，正如我之前已经写过的，断舍离会使用"相"的概念，而自立、自由、自在就可以说是物品所表现出来的形象。在让毛巾立起来、把内裤卷起来的同时，自立、自由、自在的理念仿佛也会进入我们的内心。不管是毛巾还是内裤，通过"叠"的动作，它们就会变成和之前完全不一样的形状，而且还不会塌，不会散。这可真是让人心情舒畅，简直让人觉得能够随心所欲地掌控物品。这些好心情仿佛可以打动自己的潜意识，最终促成自己的自立、自由、自在。

"每次主义"就挺好

至此，我写了不少关于收拾、整理、收纳的问题，现在我想再来谈一下"断"。

我已经说过很多次了，家里堆积的东西越多，"舍"的工作越辛苦。不过，如果能超越这种辛苦，就可以顺利地进入"断"的阶段了。为什么这么说呢？因为一旦实现了"舍"，就会出现"这些东西处置起来这么麻烦，我以后可必须得更加慎重了"的想法，即便还没能做到彻底的"舍"，人也会变得慎重起来。因为了解了断舍离的运行机制，对物品的看法也会发生改变，我认为这是一件好事。

能够客观地看待自己，一边烦恼着、犹豫着，一边扔掉东西，经历这样的过程之后，终于达到了现在的境界。因为担心可能会不够所以才一不小心买了一大堆东西，因为舍不得放弃所以就把所有东西全都囤在家里，这些原本都是人类的本性。所以，如果不是特别有意识地注意到这些，就很难做出改变。断舍离会遏止人类这种不知不觉、只靠本能与物品打交道的行为。

这种意识也可以引入到企业里。比方说京瓷和丰田等大型企业，就不会采取一下子买很多的方式，而是会用每次采买的方式。因为不良品库存就等于负债，所以每次都只在必需的时候才购入本次所需的物品。这种每次采买的方式，对我们个人来说倒是没什么，可连这些在世界上屈指可数的大制造商也彻底实施这种方式，这就太了不起了。不过话说回来，也恰恰是因为如此，它们才能一直稳居业界榜首。

几年前曾经发生过赤福饼伪装的问题①。虽然企业出面谢罪说"出了这种拿冷冻的东西来冒充的事，实在万分抱歉"，可当时我的想法是"难道不能告诉顾客已经售罄了吗"。按照企业的说法，它们的工厂每天都是按最大生产能力尽可能多地生产，不

---

① 赤福饼是日本伊势地区的著名特产，游览伊势神宫的人几乎都要买赤福饼。2007年，伊势赤福饼老店被揭露出有伪造生产日期的问题。老店的宗旨原本应是当天制造的赤福饼必须在当天销售完，可实际上它却将没卖完的商品冷冻保存后，解冻，再包装，并修改生产日期后销售。——译者注

过偶尔还是会因为光顾的人太多而出现供不应求的情况，顾客就会因买不到商品而抱怨。反过来，有时候也会因为顾客少而卖剩下。为了抵消这两种情况，企业才搞出来这一套生产、冷冻的程序。可按照断舍离式的思考，我的想法是："干吗要做出那么多卖不掉的东西来呢？直接告诉顾客已经全卖光了不就行了吗？"不过，恐怕绝大多数人**不愿意接受量不足**吧。而且在这件事上，也不光是企业有错，也是因为顾客有"竟然不够卖的，这也太奇怪了"的想法，所以企业才不得不那么做的。结果，为了避免脱销就提前做出很多很多的赤福饼，并且建立起冷冻系统，以防止东西卖不完囤积变坏。为了回收成本，企业就会源源不断地继续生产，最终造成恶性循环。所以说，赤福饼伪装的问题根本就不是"把食品冷冻了，非常抱歉"的问题，而且消费者也理应承担起一部分责任。

　　不管是个人还是企业，能够接受不足，拥有"知足"的观点的时代已经来临了，不是吗？

 如果只靠本能与物品打交道，物品就只会有增无减。关键词是"每次"。

到目前为止，我已经持续做了超过500场断舍离的讲座。开讲的城市主要集中在以我所居住的石川县为首的东海北陆地区，除此以外，也包括东京、大阪等城市。迄今为止，参加讲座的有2000人左右。不过，不管是讲座数还是参加人数，我手上都没有确切的数字。

蓦然回首才发现，我已经能像现在出这本书一样，把断舍离的影响范围扩大到这种程度了呢。我是从差不多8年前开始这项工作的，不过，由于之前还协助我丈夫做一些其他的工作，所以大概是在4年前，我才正式开始做断舍离的讲座。

这个转变的契机是某位学员。在那之前，我也针对断舍离的构造、机制以及我自己所经历的变化过程等开过课，那位学员对此的理解比我更深刻，并且付诸行动，出现了加速度的变化。他的变化令我自己对断舍离的优势更自信，同时也觉得实施断舍离的讲座更快乐、更有趣了。而且最近，充满热忱的学员也越来越多了。

我的实际感受是，参加断舍离讲座的人里，有一半左右已经达到了第22页图中所讲的中级水平了，这真的很了不起。大家都在各自的博客上发表断舍离的方法和自己切实感受到的效果，并且还会时不时地插入照片讲解，这也是促使我进行这项工作的一大动力。而且，断舍离的影响范围也像这样，加速度地扩展了。

因为撰写了断舍离的机制及体验讲述，我的博客的点击率也在增加，有不少人即便不参加讲座，也通过口耳相传和博客了解了断舍离，并且开始施行断舍离。于是，前面曾经介绍过的断舍离传教士川畑信子女士便幽默地把热心于断舍离的人们命名为"断舍离人""断舍离儿""断舍离家"。断舍离人是指参加了讲座，仔细学过断舍离的人；断舍离儿则是被断舍离人所感染，虽然没参加过讲座，但按自己的方式开始进行断舍离的人；而断舍离家则是指我自己。这些有趣的名字，在极大程度上激发了我的想象力。

其实我觉得，真正育成断舍离的，正是这些学员和这些语言上的魅力。

第五章
Chapter 05

前所未有的
畅快和解放感
——看不见的世界在变化

自动法则：启动自动整理的机制

前面我曾经用便秘来形容没有收拾的房间。一直不停地吃，却排不出去，最终感觉变得迟钝，或者某种原因令身体的感应器变麻痹，因而造成了便秘。这其实类似于"先有蛋还是先有鸡"的问题，没办法彻底搞明白到底哪个是因哪个是果。如果便秘严重，那么很难靠自身的机能解决问题，但居住环境却可以通过断舍离，靠自己的力量和意识做出有效的改变。把堆在房间里的那些犹如便秘状态的破烂儿全都扔掉，如此一来，很多学员表示得到了意料之外的收获，比如睡眠不知不觉地变好了，或者是不再烦躁不安，能气定神闲地处理事情了，等等。当然，这些也是存在个体差异的。

自动整理的机制

我们的身体有以自律神经系统为首的，不需要意识作用就能自动调节维持生命所必需的呼吸、代谢、消化、循环等的机能，令身体状况向更好的方向发展，人体的这种机能又可以叫作体内自动平衡（即恒常性，指的是生物在面临外界条件变化时，也能在一定程度上保持身体的正常状态与机能），也就是自动化的状态。

这种机能与心理也有着密切的联系。电视里播放的悲惨新闻、过去痛苦的经历、能感动人心灵的电视剧和小说……这些都能让人感同身受地心跳加快、流泪、喘不过气来。这种与心理相联系的身体的变化也是由这种自动化机制造成的。当然了，我们在意识上很明白，自己其实并没有在经历那些，可是按照断舍离的观点，人在自动化的机制的作用下会认为那些事就发生在当下，发生在自己身上。我们平时对这种事已经司空见惯，所以并未有所察觉，不过，**正是因为身体深处有这种机能，我们才能活着**。而且，因为我们在无意识当中就将自己的生命交给自动化的机制，所以从这种意义上来说，**人类对这种机制是绝对信赖的**。

断舍离与自动化

断舍离把身体上的这种自动化系统归为"相"。彻底地进行断舍离，打造出舒适的生存环境后，自己也就成为完全可以信赖的自己了。之所以这么说，是因为自问自己与物品之间的关系、筛选物品的过程，是完全以自己为中心，重新打造自己，用"需要、合适、舒服"代替"不需要、不合适、不舒服",让自己周围只剩下当下最需要的物品的过程。这也就是断舍离为什么会将身体的自动化状态等同于"相"。

到了这个阶段,人就自然而然地**不会再允许房间出现乱糟糟的情况了**。维护住所与生活的舒适有序已经变成了**理所当然、自动化的事**,而且人自己也不怎么会因为准备不足而纠结不安了。必要的东西在必要的时候一定会获得,与之相对的就是不怀疑与乐观。这种意识上的转变是非常巨大的,而且也能够让身体的感应器恢复正常,重新发挥功效。这种切实体验与自动平衡机制间的因果关系无法用科学来证明,不过,从参加讲座的学员及我自身来说,都有深刻的实感。

堆满破烂儿的状态就像是拿个盖子把空间封堵住一样,妨碍了自动化机制的运转,所以我们就得亲手把这些盖子一个个地揭开。先客观地检查房间的状态(诊断),接下来再亲手收拾(治疗到治愈)。如此一来,每个人都拥有的自动化机制也能够重新恢复了。在这一章里,我会介绍当断舍离上了轨道之后,逐渐发生在"看不见的世界"及"更加看不见的世界"里的那些深刻且不可思议的变化与领悟。

> **所谓断舍离,就是训练自己成为能够信赖的自己,最终彻底脱离"没法收拾的自己"!**

利用物品不断提升自己

　　有的人会抱着大减价的卫生纸，想着"可能会不够用"；也有的人抱着100万日元的东西，觉得"这东西可是很难入手的"。同样抱着东西，但他们的自我形象却有着明显的不同，因为100万日元的东西确实是很难入手的。不过即便如此，如果你认为那东西对自己来说不是必要的，那么，放弃它反而会让自我形象有所提升。

　　不管东西有多贵，有多稀有，能够按照自己是否需要来判断的人才够强大。放开执念，人才能更有自信。在最初阶段，觉悟和勇气是必需的。如果能够放弃的话，**就能换来"车到山前必有路"这种对未来的乐观心态**。这也可以算是一种自我探索。而最初的入口，就是塞满购物小票和积分卡的钱包、插满了赠品笔的笔筒之类的东西。

十几万日元的电视机也果断断舍离

顺利地进行了断舍离之后，香织小姐有了这样的领悟："我是不是从随便选东西提升到选择更好的东西了呢？"

改换到以自我为轴心和以当下为轴心来观察，她发现自己的房间里装满了并不需要的东西，就连自己在看的电视节目也是如此，几乎没有什么节目是自己真正想看的，而只是茫然地打开电视，随便摁着遥控器，看见还算有意思的节目就茫然地看着。觉察到自己的这种状态的时候，她想道："对啊，既然如此，把电视扔掉不就行了！"昂贵的大画面液晶电视就被她果断地断舍离了，她把它当作礼物送给了朋友。

一旦扔掉了电视，她才发现电视一直占据了房间里的"一等座位"。如今，原本放电视的地方已经成为她最放松的位置了！

存留下的物品是自观的途径

断舍离是**维持生活状态的工作，也是自我探索的工具**。说起来，它就像是**不必去深山老林也能进行的修炼**。通过反复扔掉破烂儿的行动，头脑和心情也能变得清爽起来，与此同时，还能改变客观环境的气场。等到内心世界和外在环境都恢复清爽后，才算是完成了"场的净化"。令人不可思议的是，如此一来，人往往能够发现自己的自我形象。

不断地进行断舍离之后，剩下来的东西就可以分成两种：从一开始就很珍惜的东西，以及回过神来才发现留下来的东西。这种回过神来才发现的东西，会给我们传递非常深刻的信息。

某位女性学员说，在对衣服进行断舍离的过程中，回过神来才发现，自己留下来的全是蓝色的衣服。在色彩心理学里，蓝色有男性的意义。当时这位女性学员的工作非常忙，正打算开拓新的工作领域，因此，她可能是自然而然地想要把男性力量穿在自己身上。一个人的自我形象并非是想当然就能决定的，而是通过这样的排除法，自然而然地浮现出来的。

案例十二
反映出没结果的恋爱的一个纸箱

洋子小姐是一位三十多岁的单身女性，她原本就非常擅长整理和收拾，参加了断舍离的讲座之后，她的"收拾之魂"烧得愈加旺盛了。

她彻底地筛选家里的物品，家里已经被她收拾得可以说是有些令人发指般地干净了。不过即便如此，她还是留下了一纸箱的书。是要，还是不要？是扔，还是不扔？洋子小姐一直在进行这样的自问自答。大概有大半年的时间，这箱子一直放在壁橱的角落里，甚至已经被遗忘了。

再次参加断舍离的讲座后，洋子小姐突然想起了那个纸箱，就从壁橱里把它拖了出来。那里面盛满了恋爱小说，而且几乎都是关于没结果的恋爱的。爱学习的洋子小姐甚至已经把大量自己喜欢读的社会科学类的书籍全都干干脆脆地处理掉了，可为什么会留下这种通俗小说呢？此时，她突然发现，这些书就是她自己过去恋爱经历的写照。她总是和那种绝对不会有结果的对象谈恋爱。在自己的潜意识当中，似乎不知不觉间栖息着一个拒绝婚姻的自己。于是，她当机立断，把这一箱子书全都断舍离掉了，她自己也开始慢慢试着不再排斥婚姻。

可见，物品是可以映射出未知的自己的。

试着使用高于自我形象的物品

我想，每个人都曾有过"收拾了物品之后，不知道为什么，心情也变轻松了"的感觉。不过，断舍离的目标是更高的大师级别。使用过精挑细选的自己喜爱的东西，能够挖掘出全新的自己。也就是说，物品并不只是用来使用的，而是要进入更高的阶段，最大限度地利用物品的力量。

我在第一章里曾经写过，要刻意去使用一直因为可惜而没在用的作为回礼收到的麦森的杯子。"我没达到那种层次呢。"——一旦发现这种自我贬低的情况，就要有意识地允许自己使用更高级的东西，这就是运用加分法的过程。我之所以要以日常生活中经常用到的水杯为例子，是因为**每天都在用的东西非常容易作用于潜意识**。

我这里再换个例子，用巴卡莱特①酒杯为例好了。

把自己每天都在用的，不容易坏，或是即便坏了也无所谓的普通玻璃杯换成巴卡莱特酒杯吧。刚开始用的时候，我想，你一定会觉得很别扭。"总觉得很容易坏掉""好可惜啊""好重啊"……要是有这种念头，就说明巴卡莱特酒杯已经超过你的自我形象了。不过人类是很容易根据外界变化做出自我调节的，等适应以后，到了**日常随便使用它也不再感到别扭的时候，潜意识里的自我形象也就跟着提高了**。这也符合"相"的观点，它可以成为把我们不断送往新世界的加速器。

在断舍离里，也有那么一个瞬间，自己会十分客观（甚至客观到令人讨厌的地步）地看待，自己到底给了自己什么样的东西。

这一过程也可以让**我们清楚自己当下处于什么样的位置**。了解了这些以后，接下来不免就会思考，自己到底想要变成什么样呢？当有了这种想法后，你就会开始使用和自己的目标形象相符

---

① 巴卡莱特（Baccarat）为法国著名奢侈品品牌，主要经营高级水晶制品。——译者注

的物品了。我在这里用很容易理解的"我想成为配得上巴卡莱特的女人"为例来说明，到底要变成什么样，当然要根据自己的情况扪心自问。这项工作可以说是趣味十足，因为它是一个需要运用想象，然后再把想象转变为现实的过程。

刚开始的时候因为用不习惯，所以难免会打碎杯子。虽然平日里也经常说好的东西经不起摔打，但实际上我们却不一定真的会这么认为，而是会觉得"这东西会坏，说明我还是别用它为好"，进行自我贬低。这种太过在意的情况才是问题。十分珍惜地使用，如果真的偶然地坏了，那也是没办法的事，慢慢地就能习惯。

从杯子等会接触到嘴巴的东西开始，这其实也是重点。在东方医学里，有"补气"这样的概念，说的是通过食物、饮料等为人类补充能量。所以说，装食物的容器非常重要，每天都要直接接触嘴巴的东西就更是如此了。为了成为想成为的自己，先从日常使用的容器开始，进行意识上的革命吧。

断舍离并非提倡清简的生活

因为断舍离一直都在强调要减少再减少物品，所以很容易造成误解。其实，断舍离并不是建议人们去过曾经大力提倡的清贫、节约的生活。虽然就结果来说，你的生活有可能会因为断舍离而变得简单、节约，但断舍离所追求的并非这些本身。

　　不管是食物还是其他东西，都只买最当季的。就像我反复强调的一样，断舍离最重要的概念就是当下。所谓当季，不管是食物还是别的，在当下都拥有着极强的能量。放了很长时间的食物想必不会有什么能量吧？当然，这里所指的并不是营养上的概念，而是"气"的概念。时尚物品也是一样。虽然没必要追求最潮的，但是能穿上流行的东西，也能萌发出"周身裹着充沛的能量"的好心情。这种感受每个人都应该有过，能够穿着当季最流行的衣服，会让人觉得很幸福。我自己的话，会拿三套衣服，搭配着只穿一季——最多穿两季，随着季节的变化，心情也能焕然一新。顺便说一句，能够意识到什么是当季的东西，也是很有意思的。

物品是自身的投影。
既然如此，物品既棒又新鲜就是最重要的。

更多看不见的变化会发生

　　每次在做讲座的时候，我总在想，因为对断舍离有兴趣而前来参加讲座的各位，不论他本人是否能意识到，他们都**正在迎来变化的时期**。他们当中，有些正好觉得"想要改变"；而有些虽然"想要改变"，但却害怕改变。我想，拿起这本书来的各位，恐怕也处于同样的状态吧。

　　就好比要从相处愉快的初中进入高中，这时候，对要进入一个完全不同的崭新的世界，多少都会有恐惧感，可是不管再怎么样都不得不毕业——有很多人存在这种类似毕业生在春假①期间常有的心理状态，虽然已经回不去了，可却害怕前进。这种心理状态如果是暂时性的倒还好，可也有不少人一直持续着这种不安的心情。想要促进改变的发生，就要靠断舍离了。

---

①按照日本的学制，四月是新学年的开始，旧学年结束后、新学年开始前的这段假期为春假。日本的中小学通常在三月下旬举行毕业典礼。——译者注

从自力到外力的加速变化

有不少书认为打扫与运气相关，我也认为的确如此，而且从我们自己平时生活中的真实感受来说，也有过不少通过打扫，连心灵及人际关系都一并整理了的经验。但是为什么会这样呢？

我们现在还没能完全明确这种机制，或者说，我觉得这些机制还没有被好好地整理出来。就拿断舍离来说，首先出现的是断与舍这种自我肯定、恢复自信的过程，在这样的过程里，人的观念会不知不觉地发生变化。最容易理解的是，你会发现，一直以来都以为是自己的观念的东西，其实是父母的观念，或者是身边其他人的观念。像这样，通过物品确定自己本身真实的价值观以及思考问题的方式，之后就能"进化"到下一个阶段。接下来，你会慢慢开始肯定、相信你自己。不仅是自己，就连整个世界都变得可信了。必要的东西只出现在必要的时候，并且只得到必要的数量，这样，就相当于从自力的世界进阶到了外力的世界。

我在第三章曾经详细描写过"相"的世界与意识的世界，伴随着收拾破烂儿这样的行为，也能够处理掉潜意识的阻塞，我想，最终恐怕能够引起集体无意识水平的深刻领悟。占4%到15%的看得见的世界与看不见的世界的形态是相似的，因此，只要在看得见的世界行动起来，就会对看不见的世界以及更加看不见的世界产生一定程度的影响。

关于"碍事"这个词

住所里到处泛滥着不需要的东西的时候，也就是潜意识被堵塞的时候，家里就到处散布着小压力。

压力的因子其实很琐碎。想要打开橱柜的门，可却因为囤了大量的饮料瓶而碍了事；想把需要的书拿出来，可放在前面的书却碍了事……这种看似无关紧要的小事就会在不知不觉中形成压力。这种小事日积月累，人就会慢慢得变得烦躁不安起来。如果有东西让你感到碍事，即便只是一瞬间，也要在发现的当时就把它们一一击破。能够意识到这一点，对每个人都非常重要。

"碍事"这个词，字面上看起来很可怕，[①]但我们平时倒是经常使用。我们的直觉可以分成阴性直觉和阳性直觉两种。简单来说，阴性直觉就是异样感。"总觉得这扇门有点不好打开"，不过虽然心里生出这种异样感，最后还是"反正都打开了，就不管它了"；感觉到"那个人有点怪怪的"，虽然有这种异样感，最后又劝自己"不过反正也是个好人"……就这样，我们通过思维把直觉敷衍了过去。其实，根本没必要消除这种异样感，如果能够意识到让自己感到异样的原因，因此而卸下包袱，或是对此有所领悟，那么就不会徒增多余的压力了。把**"啊，好碍事"**这

---

① "碍事"这个词在日文里写作"邪魔"，故有字面上看来可怕一说。——译者注

157

种异样感否定掉的思维方式，就像是清除掉附着在直觉这根管道上的铁锈一样。因为直觉原本已经告诉我们"应该消除掉"的存在了，所以只有在除掉那个"碍事"的东西的时候，"这个应该买"这种阳性直觉才会像灵光乍现般地来到你的身边。

接受来自未知世界的支援

碍事的东西堵在家里，造成潜意识的堵塞，因而每拿掉一样东西，潜意识的堵塞物也就被清走了一个。这在一开始或许只不过是敲开一个细微的小洞，可就在这样的过程里，你会觉得不仅是看不见的世界，就连看得见的世界也跑来支援自己了。这种"更加看不见的世界"，你也可以叫它神的领域，或是叫它未知的伟大，或是叫它集体无意识，怎么叫都可以，因为我们一直都在接受着它的支援。可是，有太多的人因为在家里堆了许多破烂儿，把这个入口堵上了，所以无法得到它的支援。但其实，我们原本是不必让自己困在这些破烂儿里的，只要没把入口堵住，就能尽情地接受这些支援。不过我觉得，一个很重要的秘诀是，与其期待这些支援，还不如享受每一天，过好自己的日常生活。

但凡自我启发的励志书，都会不厌其烦地告诉人要成为活在当下，能够立刻付诸行动的人。我想，成功者就是那些能够真正实践的人。断舍离的优势也正在于，能够把这种活在当下、立

■看得见的世界、看不见的世界、更加看不见的世界

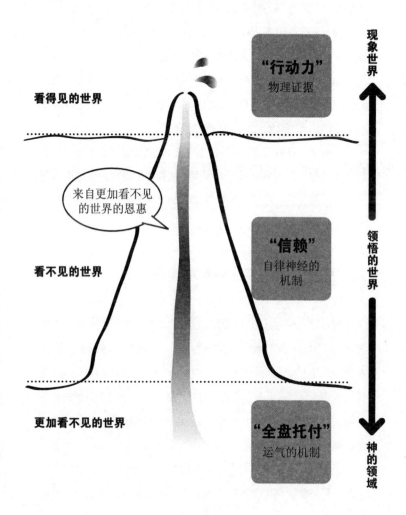

刻付诸行动的生活方式落实到日常的收拾房间上。所以说，断舍离并没打算不着边际地宣扬"通过扫除来开运"。成功者的特点是，在贯彻这种生活方式的过程中，超越自己，达到"成事在天"的心境。通过只占4%到15%的看得见的世界里的行动，能够深入到如此的地步，这也就是断舍离所追求的状态——心怀觉悟与勇气的乐天派。

说到底，住在乱七八糟的房子里，却期待着"会不会有什么好事发生呢"，根本就是天方夜谭。从自力的世界进入"成事在天"的境界，这就是终极的自动化。如果你要进行断舍离的话，希望你能够以这种境界为目标。

从"拥有"这种观念中解放出来

通过这样一直孜孜不倦地做着与物品相关的工作，我深刻地感觉到，物品其实是物与感情的综合体。即便是同一件东西，自己在这件东西上赋予的感情也至关重要。即便是别人看起来与垃圾无异的东西，只要自己有留着它的理由，那它就属于包含着积极感情的物品，我认为留下来也无妨。可**包含负面感情的物品就太过沉重**了，毕竟我们没必要给自己的人生背上如此沉重的包袱。

说句题外话，我曾经尝试着在讲座上提了这么个问题："有了或许很方便，但即便没有也不会伤脑筋的东西是什么？"当时学员们的回答非常有趣，其中一位四十来岁的单身女性的答案是"男人"。我心想，这位女士可真是注意到了一件非常了不起的事。父母和亲戚都教育她"不结婚可不行"，她自己也被这种想法所束缚，想着不结婚不行，都不知道去相了多少次亲了，可到头来还是没有结果。经过一番冥思苦想后，她发现，其实对自己来说，男人就真的是我问题里所说的那种存在。当然了，每个女人都不同，也有人表面看来不管有多坚强，都必须有男人做后盾才行。**重要的是，要察觉自己心底深处的真正的想法**。通过对物品的拷问，竟然可以进入如此之深的心灵，这真是非常耐人寻味的。物品当中蕴含的力量果然是不可小觑的。

如果就此再进一步做深入思考的话，就会想到——希望能通过断舍离，打破固有已久的"拥有"这种观念。这话听起来或许有些偏激，可我们难道真有必要为了完全未知的未来做太多无端的准备吗？所谓"将来的某一天"，等到那天真的到来的时候再来应对就好了。要是能这么想，"替将来留好"这种观念也就跟着不存在了。在命理学里，有"因为做了准备所以才会变成你想象的样子"这种激进的观点，这也算是吸引力法则①的一种吧。

保险就是一个很好的例子。有时候，保险就像是一场没有胜

---

① 吸引力法则是励志学里的一个概念，基本理念认为，如同物理学上振动频率相同的东西会相互吸引并引起共鸣一样，人的意念、思想也是有能量的，脑电波是有频率的，其振动也会影响其他东西，换句话说，大脑就是一块最强的磁铁，人生活中的所有东西都是被自己吸引过来的。——译者注

算的赌局，一旦买了高额的医疗保险，就有可能会出现"不得病的话可就亏了"这种心情。我们到底还要为了安抚我们的不安花多少钱、买多少东西啊！不过，**不要考虑这些做法是好是坏，而是要理解，人类就是这样一种生物，这样一来就可以来解决"那么我自己想要怎么做"的问题了**，这是生存方式的问题。

我认为，所有物品归根到底都是我们从神祇、地球那里借来的。比方说，买土地，买房子，其实只是买到了维护权、管理权而已。"买"这个概念，本身就是人类一厢情愿的错觉。不仅仅是土地，一切东西原本都只不过是物质而已，经过一系列化学变化和人为加工，它们成为物品，再被赋予许多概念和附加值之后，流通到市面上。**说到底，拥有就是深信不疑的错觉。**不过，也不是说因此就不要拥有任何东西，而是说理解了拥有的本质，就能自然地涌出想要珍惜物品的心情，这一点才是最重要的。好不容易能拥有一件东西，与其觉得"算了，就它吧"，不如觉得"必须要这个不可"，因为后者更能让人在维护管理这件东西的时候保持愉悦的心情。此外，归根到底，**如果能够认为一切物品都是向地球借来的，就能自然而然地涌出感谢与敬畏之情。**

一切有形的东西都是虚幻的，我们的心也是不断变化的。尽情地享受与物品难能可贵的短暂相遇，这一定就是我们所追求的幸福本身。当缘尽了，就潇洒地放手。不仅对物品，对一切的一切都能做到这样，这就是断舍离的目标。

后记

物品要用才有价值。

物品在此时、当下，应出现在需要它的地方。

物品处于恰当的位置，才能展现美感。

在我的记忆里，有这样一个永远都难以抹去的画面。那是好多年前的事了，我在某个电视节目里看到了一位库尔德族[①]少年的身影。这位少年住在难民营的帐篷里，身上穿着的短袖衫是来自日本的救援物资，是一件旧衣服。不过这件短袖衫，竟然是小学生的运动服，胸口上还缝着写有姓名、班级、学校的标志。

我震惊极了。已经穿得这么旧的运动服，居然也能成为救援物资提供给难民营。我自己在不久前才刚刚处理了一件羊毛上衣，比起库尔德族少年穿的这件运动服，我的羊毛衫无论是在品相上还是材质上都好了不知道多少倍。不仅如此，在我的整理柜里还躺着好几件穿都没穿过，甚至早都忘了它们的存在的毛衣呢！

让我更加震惊的是，这位生活在严寒下的帐篷里的少年，是满怀着感激之情地穿着那件破旧的运动服的。这让我的心里充满

---

① 库尔德族为西亚库尔德地区的游牧民族，是中东地区最古老的民族之一。——译者注

了愧疚和难以名状的愤怒。

自己的身边充斥着那么多能用却根本不用的东西，多到根本就用不过来，可在那个只能从电视上一窥究竟的世界里，人们还面临着窘迫的生活，面临着物资的严重匮乏。

在我所居住的日本，人们想的是怎么能更有效率地收纳物品，极其推崇整理收纳术；而在远方的世界里，很多地方根本与收纳术完全无缘，甚至根本就没有多余的物品来收纳。

无论是居住空间和整个生活都被数量庞大的、多到塞不下的物品压垮，整个人生都处在为没法收拾屋子而烦恼的状态，还是因为物资严重短缺而令生活难以维持下去的状态，都是当今世界不该出现的。既然如此，生活在物质充裕的环境下的我们，有没有什么可以做的呢？就是这种想法，促使我联想到了断舍离的基础——与物品的相处方式。

物品要用才有价值——是为断。

要意识到物品的数量和质量，要斩断用不完的物品、多余物品的流通。

物品在此时、当下，应出现在需要它的地方——是为舍。

即便是以前用过的东西，如果现在已经不需要了，就不该怀着"说不定将来还有一天能用得上"的心情，随随便便地保存、保管、收纳它，而是让它们去此时此刻最需要它们的地方，要有意识地不断把物品送出去，"舍弃"掉。

物品处于恰当的位置，才能展现美感——是为离。

不断地重复拷问物品，也拷问自己的"断"与"舍"，挑选出与当下的自己最相称的物品。经过精挑细选筛选出的少量物品，能够各得其所，物品仿佛是回归了属于自己的空间一般离开。如果能够构建这样的生活方式，人生会变得多么轻松愉快啊！除此之外，断舍离也是穿插在生活与职场里的自我探索的过程，是和物品交朋友、为自己打造出周围全都是友好的战友的空间、为自己奉上这样的空间的工作。一旦开始施行断舍离，自己和自己的关系就能慢慢融洽起来，就能不断增强自我肯定感。要知道，并不是只有在看不见的世界里、在精神世界里才可以做自我探索，那些其实只不过是通过在肉眼看得见的世界里的行动而得来的附赠品。

整理肉眼看得见的环境，同时也整理自己，这就是人生该有的状态。

自己的心情变得愉悦，与自己一同居住的家人也会变得愉悦起来。这种愉悦的心情，如果能拓展到每个地区、整个社会、整个世界甚至是整个地球，又会怎样呢？

或许是因为断舍离这三个字，在当初刚刚开设讲座的时候，我几乎是孤军奋战。而随着讲座次数的增加，学员们的笑容让我看到了更广阔的可能性，断舍离的伙伴也越来越多了。接着，我甚至得到了连想都没想过的出书的机会。现在，我终于感受到了梦想变成现实的喜悦。我想，这些喜悦与满满的感激，必须得还给每一位学员才行。断舍离这种方法绝对不是我一个人独创出来的，而是以各位学员的不计其数的体验为基础，渐渐统合、体系化而得来的。

其中，我要特别感谢的是：以强大的厚爱支持我的心理治疗家川畑信子女士，以天生的行动力直接促成了出版机缘的全息反射按摩师市野沙织女士，以及本书的编辑关阳子女士。关女士不断诚恳真挚地提出各种各样的问题，清晰明了。拜她所赐，我自己能够再次以不同的观点，多角度地重新审视断舍离。

非常感谢。

为此次机缘，谨致以最诚挚的感谢。

二〇〇九年十二月吉日　　山下英子